U0145355

超圖解

系統思考

見樹又見林的實用決策分析模式

System Thinking with Concise Diagrams

陶在樸 著

大量圖表來說明系統模型，打好系統思考基礎。

五南圖書出版公司 印行

推薦序：理解世界的系統性思考框架

人們習慣藉助框架來思考問題與認識世界，系統動力學是一套根據因果回饋循環概念來理解世界的系統性思考框架。本書作者陶在樸先生長期深入系統動力學研究，在書中以大量的圖解以及各種面向的不同應用例證，介紹這套理論的實用價值。對於關心系統思考的知識工作者來說，這是一本值得推薦的好書。

毛治國
前行政院院長
國立交通大學退休榮譽教授

推薦序：解釋過去、明白現在、預測未來的關鍵

我有幸於 20 多年前與《超圖解系統思考》作者共事，當時我尊稱他為「陶老」。

陶老年紀比我大不少，咱們算是「忘年之交」。他為人和藹，行事縝密，讓我印象最深刻的地方是，他善於收集資料，而且胃口極大，印象中，他好像對什麼都有興趣；當時我就暗自佩服不已。

我覺得，對什麼都有興趣，對什麼都看得懂，這才是學者應當有的才能。因此陶老在我心目中，一直是個典範人物。

現在我明白了，系統思考是陶老的研究主題，但更重要的是，他將系統思考已經內化成為他認知中的一部分。

系統是很重要的哲學概念，最早從亞里斯多德開始提出，認為系統是我們理解世界的主要途徑。

我們人的經驗有限，無論是嗅覺、味覺、觸覺、聽覺、視覺，都有限制，但是我們的思考卻是無限的。這個有限的經驗與無限的思考結合在一起，就讓我們發現，系統思考是理解外在世界的最佳途徑。

我們把所有紛雜的經驗集結在一起，進行分類、分析、整理、區別異同，然後我們會從這些結果認知，某些現象與其他現象的發生之間有因果關係，而從整體掌握這些關係，就憑藉系統思考。

因此，系統思考是我們認知外在世界的主要途徑。

這聽起來很神奇，但用起來很自然，所以本書中的系統思考所牽涉到的主題五花八門，異常豐富。

本書這個特性，說明陶老依靠系統思考，對於任何現象很自然地加以分析與整理，然後提出適當的解釋與看法，所謂一通百通，就是這個道理。

我們只要找出現象與現象之間的因果關係，無論是回饋，還是迴路，都說明這些看似紛雜的現象，皆發生在系統思考之中。

在閱讀本書的過程中，我感到在世間迷惑我的各種事物裡，若是我企圖為了自己解惑，為了自己除魅，系統思考可以在經驗的基礎上，為我解釋這個現象過去如何發生、現在表現如何、未來會有什麼改變。

這個能夠解釋過去、明白現在、預測未來的關鍵，正是系統思考偉大之處！

我很愉快地閱讀本書，也很高興這本書能夠以簡單明瞭的圖解方式說明系統思考的重要與偉大。

我鄭重地向國人推薦本書！

苑舉正
國立台灣大學哲學系教授

推薦序：跨越見樹不見林的思考模式

陶在樸教授這本書是一本奇書，奇在幾個方面。第一，主題很嚴肅，但讀起來很輕鬆，並不需要什麼高深的學術基礎才能讀得懂。第二，該書用了大量的圖表來解釋說明系統模型，有點像是牽著讀者的手，一步一步地教導讀者如何製作系統模型圖，非常實用。第三，該書也介紹了系統分析的重要應用軟體 Vensim，可以把時下流行的大數據、AI 納入模型，對公共政策分析、企業經營管理有很大的助力。第四，作者學識淵博，書中所舉的案例涉及物理、化學、生物、藝術、文學等多方領域，讀起來令人驚豔。

人類很早就有系統思考的能力，我國傳統成語「見樹不見林」、孟子說的「牽一髮而動全身」，都是反應系統思考的智慧語言。希臘哲人柏拉圖在《理想國》講了個洞穴寓言，闡述如果在洞穴裡的人不能了解光影的來源，將永遠侷限在光影的世界裡看現象，而無法理解真相，其實也是一種系統思考。「見樹不見林」是一種「全局觀」，提醒我們不能只看到細微末節而忽略了整體現象。「牽一髮而動全身」則是系統的另一個重要要素，一個系統裡面有很多組合元素，這些組合元素彼此都有牽連關係，這個牽連關係可能是正相關也可能是負相關，也就是書中所說的增強因素或調節因素。當然，真實世界裡更可能的是非線性的因果關係。本書一開始所講的「局部」與「整體」，就是要闡明這個道理。

系統思考簡單來說就是要能夠有「整體觀」與「局部觀」，要能夠跳出既有的侷限分析理解因果現象，也要能夠理解一個系統內各個組成元素之間的牽連關係，然後才有可能依照我們所期待的方向來改變現象。這個道理講起來很容易，但要有方法、有步驟地去實踐這個道理，卻非同小可，並不是簡單說說就可做到。這本書提供了基本的理論與方法架構，然後用了非常多的實例來闡述理論與方法。

西方學術研究最值得我們學習的是嚴謹的分析方法，如果，我們只有系統思考的觀念，卻沒有具體的分析方法，那就很難推廣系統思考方法，也很難擴大系統思考的影響力。集系統思考學問之大成，對管理思潮有重大影響的彼得・聖吉在《第五項修練》這本管理經典中，提出系統思考的理論並提供系統思考的基模，以及常人思考容易犯下的直覺錯誤。彼得・聖吉是使得系統思考得以廣泛運用最重要的學者，但是，他所舉的案例以企業經營為主，對於大自然現象或公共政策領域方面相對談的比較少，當然更不可能有台灣的案例。本書用系統思考模型繪出彼得・聖吉所提出的八項基模以及十一條反直覺的法則，並佐以大量的生活周遭的鮮活例子，以及台灣發生的公共政策案例，十分實用。建議讀者要把這幾個基模以及反直覺的十一律作為學習系統思考的基礎，如能反覆練習，將可大大提升讀者的系統分析能力。當然，讀者要知道，系統思考是一種方法，徒有方法而對事物的背景或基礎不夠理解的話，那就很難繪出周延的系統分析圖，掛一漏萬的現象必然會發生。例如：如果你對企業的生產、銷售、財務、服務的基本循環都不清楚，那如何繪得出企業經營銷售的系統思考分析圖呢？我們不可能對每個領域的知識都熟悉，因此，團隊合作、群策群力就非常關鍵。《第五項修練》一書對這方面也著墨很多，建議讀者在研習這本書時，也可以回頭讀讀《第五項修練》，能夠強化系統思考的理論認知。

無論是在學的學生或在社會上工作的人士，如果您想對事理有更透晰的理解與答案，這本書是本非常好的工具書。感謝陶教授寫出這麼一本奇書。

葉匡時

前交通部部長

陽明山未來學社理事長

中華大學講座教授

國立政治大學科技管理與智慧財產研究所退休教授

推薦序：為決策者繪出指引方向的地圖

從事產業分析 30 餘年，過程中不斷在複雜的總體環境中分析趨勢，尋找脈絡，協助政府及企業解題與找答案。但要在錯綜複雜的形勢中發現真相並不容易，更別提抽絲剝繭研提解決方案，那更是難上加難。

而經過多年的產業研究洗禮，筆者深刻體會到趨勢的分析需要有整體觀，既能見樹又能見林，而因產業問題常是許多因素互相糾葛產生之結果，也必須要有系統的概念，了解系統內各次系統的交互作用，能分辨何者為因，何者是果，才能對症下藥，提供決策者正確的方向指引。舉例而言，許多人常下斷語說台灣中小企業所以積弱不振主要是因為研究發展投入過少，但深入思考，中小企業因規模小，研究發展投入本來就少，這是果而非因。若無法釐清因果關係，就很難提出正確的對策。

事實上，不僅產業分析工作需要進行系統思考，所有的行業功能任務都需要這樣的基礎能力。例如：政府官員探索未來制訂各項政策、企業家觀察外在形勢研擬經營策略、農夫掌握環境解決栽種問題、上班族配合公司資源擬定年度計畫、一般家庭努力生活解決生計問題、學生預先規劃讀書學習計畫，都需要有系統思考的能力，謂之為國民基本素養都不為過。

但要如何訓練及培養才能提升系統思考能力呢？讀者手中的這本《超圖解系統思考》提供了一個好的開始。本書從系統概念開始介紹，之後循序漸進地說明系統分析的基本工具、大師彼得·聖吉的系統基模，讀者對前述知識有了基本的了解之後，作者再接著探討系統思考的量化方法、系統行為的模擬方法，以及系統基模的應用指南，最後再舉出一些實際應用案例讓讀者更能掌握理論的實務運用。

本書的特色不僅在於深入淺出，大量的圖解更有助於讀者的消化吸收，許多正在身邊發生的案例也被運用來解說，更有用的是作者還在文中介紹應用軟體的使用，讓知識不僅止於書本，還可以讓讀者實際操作運用。對於想了解系統思考的前世與今生，以及希望提升系統思考能力的讀者，此書應是很好的入門。

此外，更值得一提的是，作者陶教授治學嚴謹，雖年逾八旬，但篤學不倦，除了在系統動力學研究、教學及推廣外，也關心時事，每多評論文章，擲地有聲，令人感佩。讀者除了可學習書中的知識外，作者的研究精神與典範也值得我們終身效法與學習！

詹文男
數位轉型學院共同創辦人暨院長
國立台灣大學商學研究所兼任教授

作者自序

「系統思考」這個題目既老又新，所謂老，已有超過半個世紀的歷史，所謂新，在網路時代，它將是大數據、演算法或 AI 的一個新的應用大方向。但是很遺憾，無論是紙本或網路的參考文獻，皆滿足不了這種潛在發展需求。以往系統思考只是「系統動力學」的附篇，鮮少專著論述。

本書主要有兩個目的，一，承上，希望書的內容能反應過去 30 年各種研究文獻的基本面貌；二，啟下，希望本書的問世有助於年輕學者的創意激發並再現 1990 年代「系統思考」論著的復興熱潮。

本書在五南編輯團隊協力編製下大異其趣，圖文並茂生動新鮮，既有整套的原理說明，更有破除傳統直覺的因果分析大圖解，諸如破除城市塞車夢魇、解讀台灣能源煤炭上癮的奇怪現象等等凡數十實用案例。此外還可以親自動手進行有多重價值的「政策實驗」，諸如台灣南投縣集集小鎮的人口復興模擬、北美山貓和野兔生死大戰的生物振盪，還有你想不到的電影大片《亂世佳人》中男女主角白瑞德和郝思嘉的「愛與不愛」的振盪模擬，凡此約二十例實用模型。

本書首先適用於商務和企業管理工作者，書內計八種標準的彼得．聖吉的「系統思考基模」，凡十餘例實際應用之分析方案。事務或公務機關工作者也非常適合擁有本書，書內提出約十餘例「事理」管理的真實個案。當然更宜於學校內教學和研究的師生。其實也非常適合追求「解決方法」、追究「為什麼」的老少朋友。

我已年過八旬，前四十年熱衷於「岩體力學」，後四十年投入「系統動力學」的教學、研究和推廣。後半生也兼事：時事評論和媒體傳播的研究，每見於台港報紙和刊物，很多人因此趣稱我為「雜家」，應該也是事實，當然更多人稱我為「專家」。其實雜家也好，專家也罷，我始終信奉俄羅斯偉大的生物學家巴夫洛夫的教導：「科學需要你們整個生命，如果有兩次也不為過。」到了我今天這個年齡，我可以負責任地向各位讀友，尤其是年輕的朋友報告，我認真地做到把整個生命獻給科學！我多麼希望有巴夫洛夫所說的「第二次科學生命」！

陶在樸 謹識

2022/5/1

目錄

Chapter 1

系統概念

1-1 什麼叫系統

「系統」（System）是外來語，源自於古希臘文「σύστημα（Systēma）」並轉譯為英語「System」，再轉為日本漢字「系統」，最後成為今天的中文名詞。

在古希臘哲學家柏拉圖眼中，系統就是總體，是放在一起的東西。

著名的現代系統科學家那波普德（Anatol Rapoport, 1911-2007）說：「一個系統是世界的一部分，儘管內外發生變化，但它仍能保持其獨立性。」

號稱 21 世紀的「新字典」維基百科，如此定義系統：系統是相互作用、相互依賴的許多個體所組成的複雜性整體。

相互作用、相互依賴的個體所組成的複雜性整體稱為系統。例如化學系統、物理系統、社會系統、經濟系統、生態系統、傳染系統、心理系統、公司系統、產品系統等等。

1-2 兩大系統，物理與事理

大自然中物與物的關係稱為物理系統；世界上人、事、物三者關係稱為事理系統。蘋果落地是物理系統，公司倒閉是事理系統。

關於事理的學問，直到今天仍然懵懵懂懂，為什麼有繁榮又有蕭條？為什麼匯市牽動股市，股市牽動政事？為什麼 GDP 增長率十年河東，十年河西？為什麼今日張氏公司稱雄，明日李氏企業主霸？有關事理的學問是破碎的，目前沒有一家學說可以走南闖北，走遍天下。針對這些難題，系統思考大有作為，這就是本書的目的。

物理與事理難以比較。事理指涉人與社會的文明關係，而人類的歷史（尤其文明史）的時間尺度無法與自然史相比。故無法推論物理日益精密，事理必然會跟進。

地球上的生命大約起源於 6 至 25 億年之前。人類文明史頂多只有 6、7 千年，但事理系統因為有人的因素，遠比物理系統複雜得多。大約 400 年前牛頓解決了蘋果為什麼落地的物理難題，而今天，**誰能寫出一個公式說明公司的倒閉？**

登陸月球的物理系統問題，50 多年前就解決了，美國阿波羅 11 號於 1969 年 7 月就成功登陸月球。請問，**50 年後人類能解決貧富差距的事理問題嗎？**

1-3 局部與整體

整體的觀點是我們理解系統的起點，瞎子摸象的故事揭穿了常見的錯誤，**以偏概全永遠得不到真相**。

亞里斯多德大約在 2,370 年前編寫形而上學時說「**整體不是其部分的總和**」。意思是整體與組成它的部分之間有關，但不是一個簡單的相加。

就整體功能而言，現代系統科學家認為，整體與部分有三種關係：整體大於部分之和、整體等於部分之和，以及整體小於部分之和。這取決於整體與部分之間的作用過程：當各部分以合理（有序）的結構形成整體時，整體就具有全新的功能，整體功能將會大於各個部分功能之和。而當部分以欠佳（無序）的結構形成整體時，就會損害整體功能的發揮，整體功能將會小於各個部分功能之和。

我們忽視了：**整體大於局部之和**。手有「拿東西」的功能，腳有「走路」的功能，手加腳的整體功能絕不僅是「拿著東西走路」，而是具有兩個局部所沒有的新功能，比如：「駕馭」騎腳踏車、開飛機等行為。

我們也常常為整體小於部分之和而苦惱，例如：**為什麼隊員個個優秀，但球隊比賽卻屢戰屢敗**？

1-3-1　永遠不要忘記

既要觀察系統的整體，也要觀察組成系統的局部 / 個體，二者有關聯但又不同。《紅樓夢》第一回中說《石頭記》的緣起，詩云：

滿紙荒唐言，一把心酸淚；都云作者癡，誰解其中味？

這幾乎是所有《紅樓夢》讀者的心情寫照，就故事的**局部而言**，**紅樓夢何不荒唐**，但**讀完掩卷無不淚灑滿襟**，荒唐加在一起何以等於悲傷。

再如，韓愈有詩，云：

天街小雨潤如酥，草色遙看近卻無。

雨後遙望草坪，其所見為總體；由遠而近看到的卻是草之許多個體，草為泥所染已無綠茵。

關於整體性認知，可以說是所有生物「生而有之」的直覺。以人而論，一個呱呱墜地的嬰兒，不用幾個月的時間就可以從整體上認知其生母，無須具備有關媽媽的眼、耳、鼻等等個別之知識。一頭從母胎落地的小牛在眾多的牛群中很快就能找到媽媽。

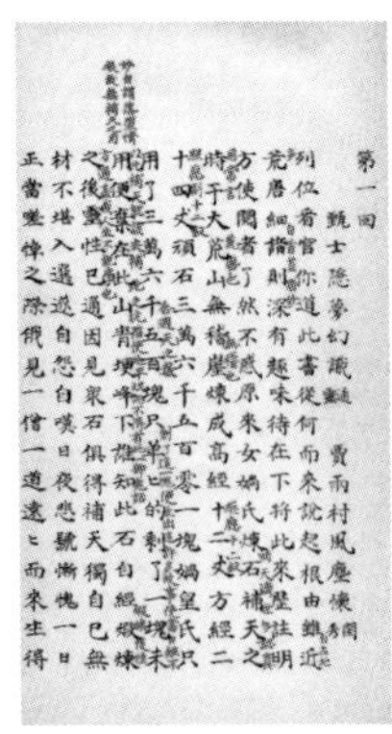

第一回　甄士隱夢幻識通靈　賈雨村風塵懷閨秀
列位看官你道此書從何而來說起根由雖近
荒唐細按則深有趣味待在下將此來歷注明
方使閱者了然不惑原來女媧氏煉石補天之
時於大荒山無稽崖煉成高經十二丈方經二
十四丈頑石三萬六千五百零一塊媧皇氏只
用了三萬六千五百塊只單單剩了一塊未
用便棄在此山青埂峰下誰知此石自經煆煉
之後靈性已通因見眾石俱得補天獨自己無
材不堪入選遂自怨自嘆日夜悲號慚愧一日
正當嗟悼之際俄見一僧一道遠遠而來生得

1-4 一個不可不知的概念「湧現」

湧現（Emergence）也有人譯為突現，是一種常見而被忽視的現象，當許多小實體交互作用後產生了大實體，而這個**大實體展現了組成它的小實體所不具有的特性**，這種現象稱為湧現。例如空氣中的分子，它們做著雜亂無章的熱運動，它們的路徑和方向隨機，如果把這些分子收集到一個容器內，那麼容器內的分子就會出現溫度的現象以及衍生溫度和容器體積的關係，這便是湧現。再如，球隊隊員各有本事也各有打算，但他們組成的球隊呈現出統一的榮譽感，這也是湧現。

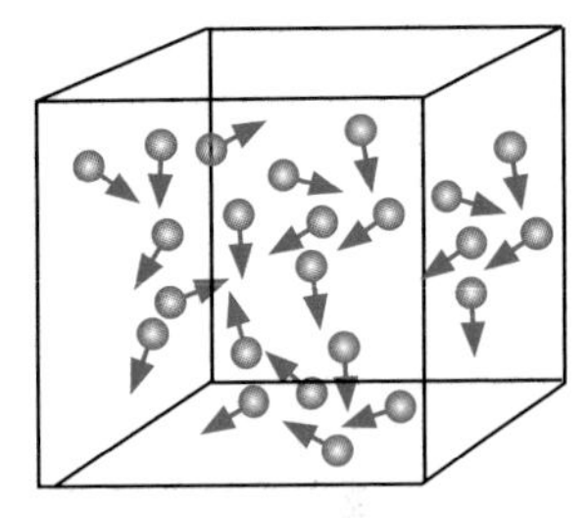

2000 年牛津大學出版霍蘭（John H. Holland）的《湧現：從混沌到有序》，在這本具有影響力的著作中，作者介紹了自然、生物、社會、工程中的各種湧現，使讀者大開眼界。

關於湧現，另一個例子就是螞蟻覓食，單個螞蟻由於體形弱小，視力有限只能看到鄰近的景物。然而，當大量的螞蟻共同協作的時候，牠們透過相互傳遞資訊，很快地實現分工，更奇蹟般地發現搬運食物回巢的最佳路線，在這個過程中不需任何蟻王或者蟻后發號施令，所有的湧現行為全部是這群局部的螞蟻相互作用的自組織結果。

澳洲野外白蟻建築的教堂

Chapter 2

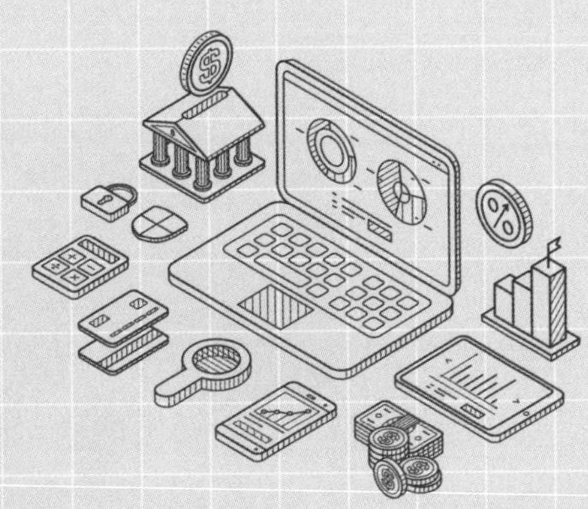

系統分析的基本工具——因果回饋環

我們的自然語句是直線的單向主謂語結構，例如「貓對狗生氣」，這是一個靜止的畫面。系統思維的語言是非線性的循環語句，「狗對貓不好，貓對狗生氣；貓對狗越生氣，狗對貓越不好」，這是一種思維迭代雙向語句，是有動作的畫面。

2-1 因果回饋環的基本概念

2-1-1 因果回饋

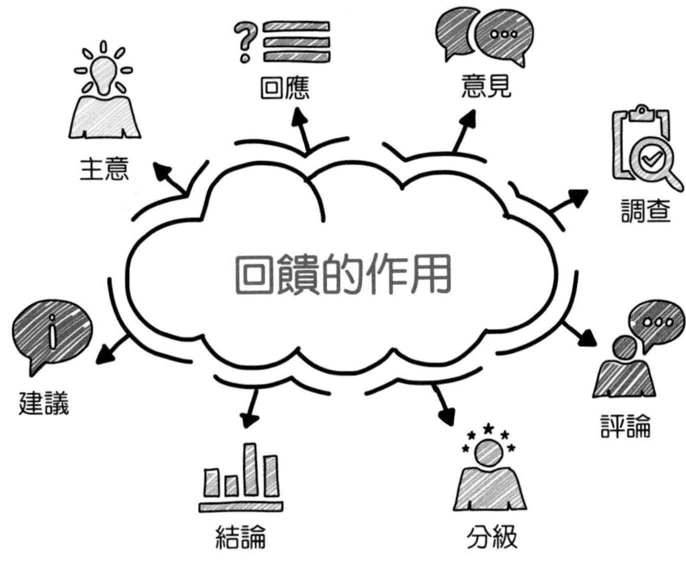

回饋（Feedback）一詞最早出現於控制論，意思是控制迴路中「輸出」訊號返回到「輸入」端。在一般意義上，回饋就是響應的意思，例如：你對我講話（因），而我回答你（果），你一言我一語，這就是對話的因果回饋。

一件事的出現只要有相應的映射關係，都可以看作回饋。一隻受過巴夫洛夫（Pavlov, 1849-1936）條件反射訓練的狗兒，當牠聽到搖鈴的訊號便會口沫橫溢，這就是狗兒對鈴聲的因果回饋。

巴夫洛夫條件反射的實驗

條件反射訓練前

條件反射訓練中

條件反射訓練後

戴口罩也是回饋。2020 年全球新冠肺炎大流行，口罩就是適應疫情的一項公共衛生回饋。

在日常生活中，回饋更是無處不在，當你不小心在擁擠的場合踩到別人的腳，對方露出不悅的表情，你馬上「回饋」出一句禮貌的道歉話，最後和平收場；如果你「回饋」的是粗暴的肢體語言，也許雙方會開始大鬧一場。

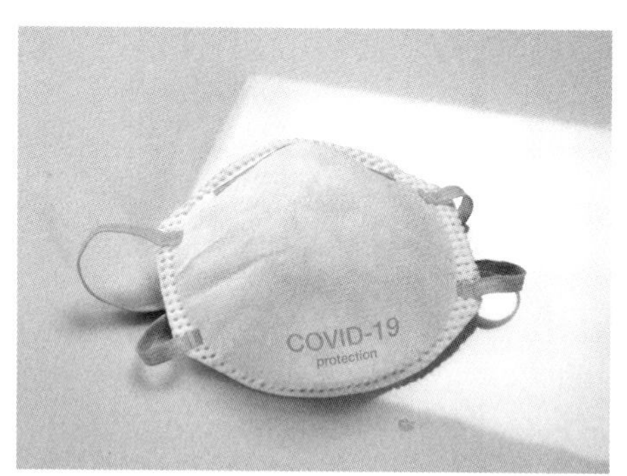

2-1-2　什麼是因果回饋環

許多元素組成的因果鏈條合成的一個閉合迴路，稱為因果回饋環（Causal Feedback Loop）。回饋環是事理結構的基本單位，許多回饋環的聯合組成各種複雜的事物。

（一）因果回饋環迴路（**CLD, Causal Loop Diagram**）是思維地圖

標準因果回饋迴路圖 CLD 的五個規定：

1. 用名詞設定「因」與「果」的元素。
2. 用帶箭頭的半弧線表示因果方向，在「果」的一端附註 + 號或 - 號。
3. + 號（或英文字母 S）表示**增強的因果關係**，即「因」越大，「果」越大，因果變化方向相同，二者正相關。
4. - 號（或英文字母 O）表示**調節的因果關係**，即「果」將調節「因」的變化，如果「因」變大，「果」則變小；如果「因」變小，「果」則變大，因果變化方向相反，二者負相關。
5. 許多因果關係的連接組成無首無尾的封閉迴路。

（二）兩項元素組成的簡單因果迴路

例 1　勞逸結合

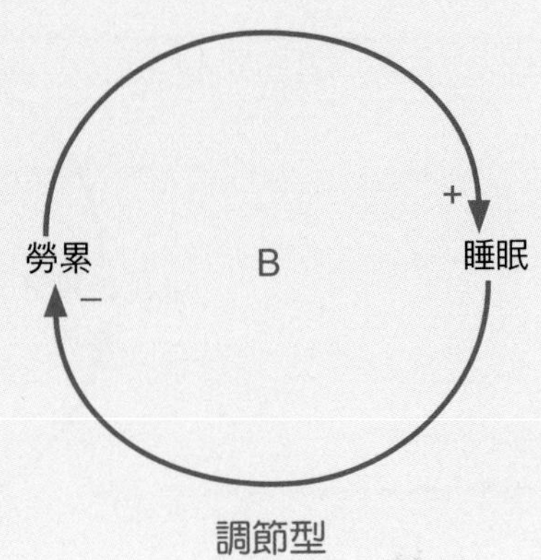

日常話的「勞逸結合」，可以用因果回饋環的封閉迴路表示。第一回合，元素「勞累」為因，「睡眠」為果；因為越累越想睡，根據上述五項規定之三，二者為增強關係，應在元素睡眠端加註 + 號。第二回合，以果「睡眠」為因，以因「勞累」為果，因為睡得越多、休息得越好，勞累便減少，根據上述五項規定之四，二者為調節關係，故在「果」的勞累端加註 - 號。勞逸結合描述矛盾的調節過程，越累越想睡，但是睡夠了就不累，因此天下沒有睡不完的覺，也沒有累死人這兩種「無止境」的極端。這樣的迴路稱為調節型迴路或調節回饋環，在迴路圖中央標注字母 B（Balancing）。調節回饋環說明互為因果的事物最終相得益彰。

例 2　熟能生巧

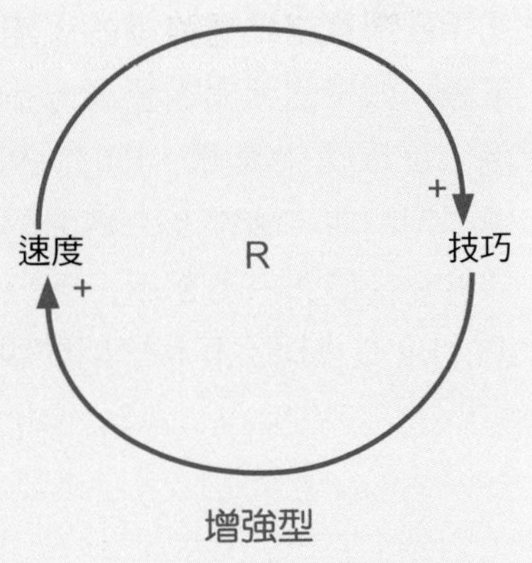

此因果回饋環第一回合的因果關係是「速度」為因，「技巧」為果，二者為增強關係，故在技巧端注解 +。第二回合的因果關係是「技巧」為因，「速度」為果，二者也是增強關係，故在速度端注解 +，整個迴路是增強的，在圖的中央標注字母 R（Reinforcing）。與調節型比較，增強型迴路說明互為因果的事物可以彼此不受約束無止境發展。

（三）兩項因素以上的因果回饋環迴路

北漂問題

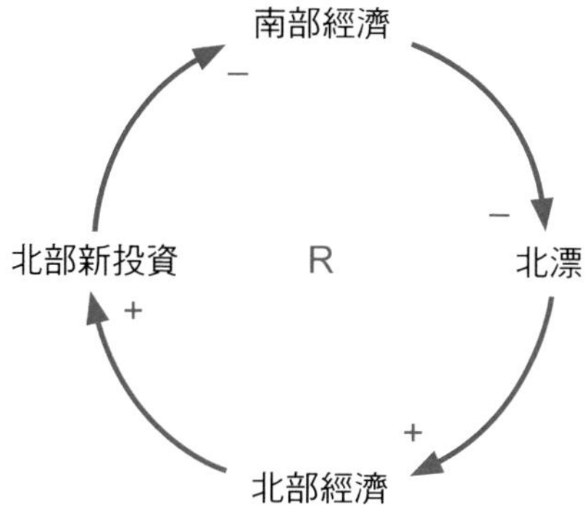

台灣南部經濟欠缺發達，中青年北漂的現象歷時已久。北漂人口越多，北部經濟的人力優勢越強，北部投資的機會便越多，於是南部經濟相對變得更弱，故而北漂人口再增加。北漂回饋環路是增強型的，趨勢歷久不衰。如果北漂問題要區分長短期效應，可以環中套環，R1 是大環，反應長期問題，路徑為：南部經濟→北漂→北部經濟→北部新投資→南部經濟。R2 是小環，反應短期問題，路徑為：北漂→北部經濟→北漂。

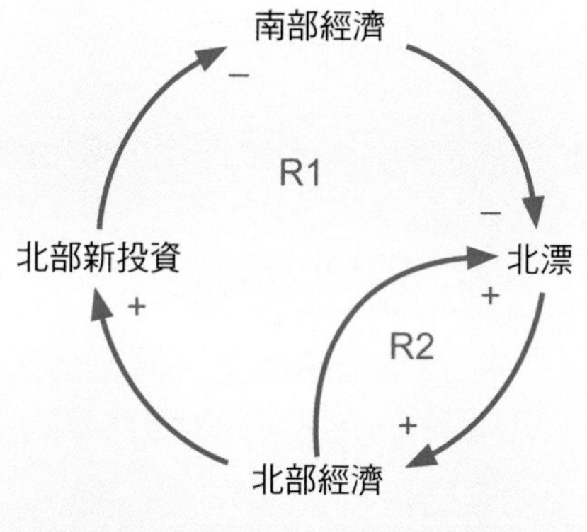

北漂的長短期效應

2-2 多元素回饋環的正負性判斷

2-2-1 奇數定律

如果迴路中「-」號箭頭的總數是奇數，則整個迴路是負的調節型回饋環；如果迴路中「-」號箭頭的總數是偶數，則整個迴路是正的增強型回饋環，所謂負負得正。

例如下方的左圖有四個元素，「-」號箭頭的總數有兩個（甲和乙），所以是增強型因果環。右圖有五個元素，「-」號箭頭的總數有三個（李、趙、張），所以是調節型因果環。只要記得「負負得正」，就會悟出**奇數定律**。

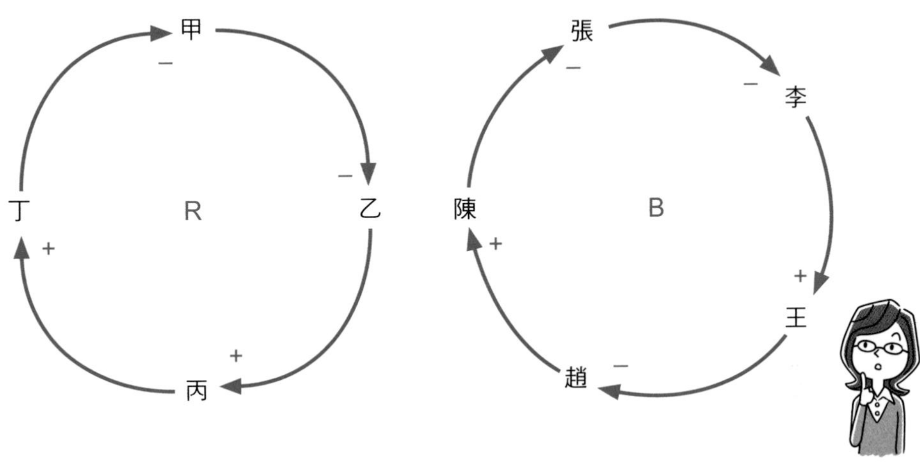

2-3 兩類因果回饋迴路的系統行為

2-3-1 增強因果環像滾雪球

（一）增強因果環，滾雪球效應

增強因果環是一個不斷強化的滾雪球過程，例如：人口越多，出生量越大；出生量越大，人口越多，好像滾雪球般人口越滾越大，一定時間以後則人口爆炸。

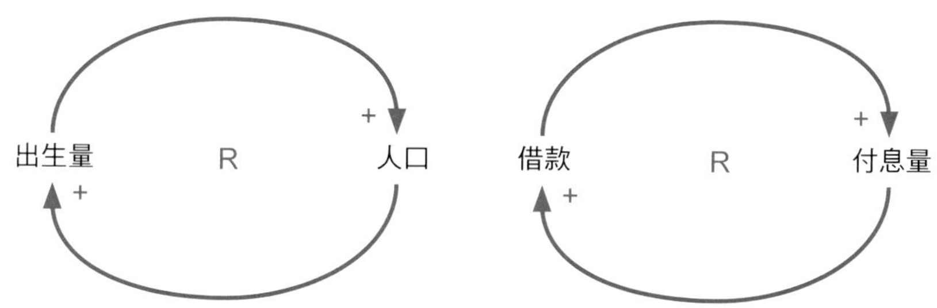

負債也是增強回饋關係，借貸越多，還債付息款越大；付息越大，借貸越多。表面上看來，人口和負債南轅北轍，但其實它們同出一轍，只不過人口增加是正數成長，而借貸積累是負數成長。

（二）增強回饋的一體兩面

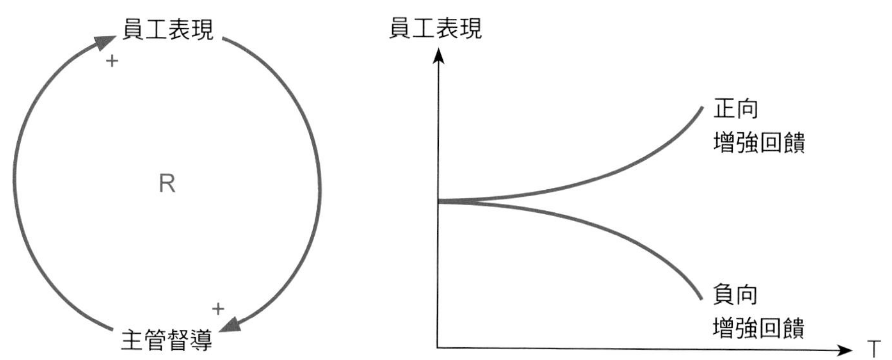

增強回饋既可以用來模擬越來越多，也可以用來模擬越來越少，所謂一體兩面，正面是成長，反面是負成長。請看另一個例子：員工的績效與主管監督的因果關係。在正面情況下，主管越督導，員工表現越好，而員工表現越好，主管越會督導；在對立情況下，主管越督導，員工表現越不好，而員工表現越不好，主管就越不督導。無論積極或對立，因果回饋環是同一個，只是系統的行為軌跡完全相反，在積極情況下行為曲線向上成長，在消極情況下行為曲線向下發展。無論正成長或負成長，皆以滾雪球的方式呈指數變化。

（三）增強回饋，指數成長

核爆是增強回饋，雪崩也是增強回饋，增強回饋是指數型成長，如馬爾薩斯說人口不是以 1,2,3,4 的算術方式，而是以 2,4,8,16 這樣的倍數方式成長，倍數成長就是指數成長。

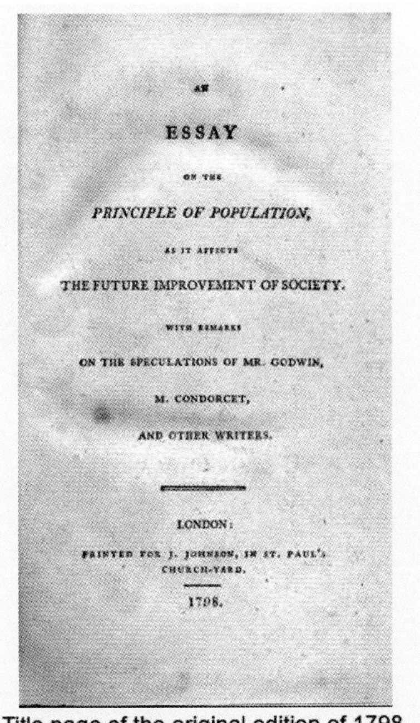

AN
ESSAY
ON THE
PRINCIPLE OF POPULATION,
AS IT AFFECTS
THE FUTURE IMPROVEMENT OF SOCIETY.
WITH REMARKS
ON THE SPECULATIONS OF MR. GODWIN,
M. CONDORCET,
AND OTHER WRITERS.

LONDON:
PRINTED FOR J. JOHNSON, IN ST. PAUL'S
CHURCH-YARD.
1798.

Title page of the original edition of 1798.

1798 年，馬爾薩斯《人口原理》第一版封面

Ch. ix. *in England (continued).* 435

Table, calculated from the births alone, in the Preliminary Observations to the Population Abstracts, printed in 1811.		Table, calculated from the excess of the births above the deaths, after an allowance made for the omissions in the registers, and the deaths abroad.	
Population in		Population in	
1780	7,953,000	1780	7,721,000
1785	8,016,000	1785	7,998,000
1790	8,675,000	1790	8,415,000
1795	9,055,000	1795	8,831,000
1800	9,168,000	1800	9,287,000
1805	9,828,000	1805	9,837,000
1810	10,488,000	1810	10,488,000

In the first table, or table calculated from the births alone, the additions made to the population in each period of five years are as follow;—

From 1780 to 1785 63,000
From 1785 to 1790 659,000

Part of Thomas Malthus's table of population growth in England 1780–1810, from his *An Essay on the Principle of Population*, 6th edition, 1826

馬爾薩斯《人口原理》第六版第 9 章，1780-1810 年英格蘭人口數

（四）指數成長是連續的自乘

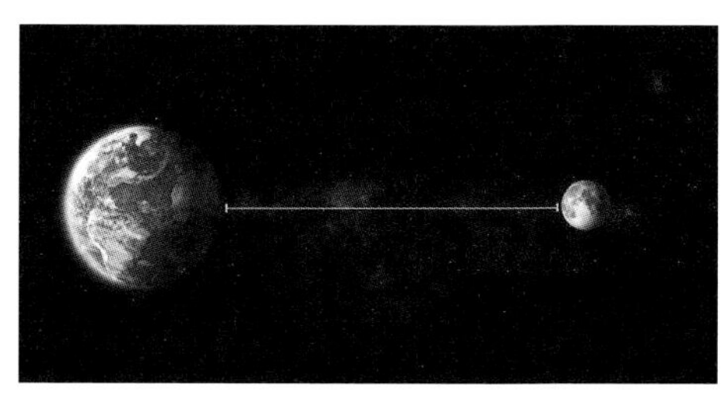

美國麻省理工學院（MIT）的系統動力學大師Sterman教授問同學，一張厚0.1mm（公釐）的紙對折42次後有多厚？大部分同學回答1m（公尺）左右。你的答案呢？實際上是4.4億公尺，這個數字遠遠超過地球到月球的距離。為什麼會答錯？因為紙對折是乘法而不是加法，每次對折就要乘2，對折42次就是2連乘42次，即2^{42}。

（五）同為指數成長仍有快慢之別

指數成長的快慢取決於成長率，即本期增加量與前期數值的比值。下圖是兩種不同經濟成長率的比較。黑線是7%的成長率，10年後增長一倍，藍線是4%的成長率，10年後只增長了一成多。請記住，無論成長率是大或小，指數成長是一個發散過程，一個不可能持續不斷的過程。

成長率決定成長快慢　成長率7%和4%的比較

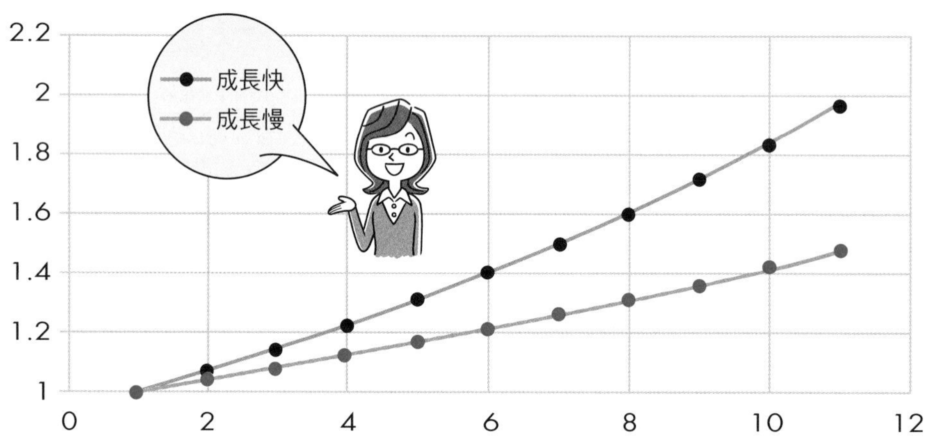

（六）倍增時間

指數成長的一個快捷判斷是「倍增時間」，即數量增加一倍所需要的時間用 T 表示，計算公式如下，十分簡單：

$$T = \frac{(0.7)}{\text{成長率}} \text{年}$$

分子是常數 0.7，分母是用百分比表示的成長率。例如成長率 7%，倍增時間為 10 年；如果成長率 1%，則倍增時間為 70 年。例題，香港的人均 GDP 目前是台灣的一倍左右。假設 2021 年台灣人均 GDP 成長率 3.5%，那麼 20 年後的 2041 年將增加一倍。換言之，如果所有條件都不變化，2041 年台灣人均 GDP 始能到達 2021 年香港的水準。然而所有條件都可能變化，就不必太悲觀了。

（七）成長的極限，**40 年前的警告**

1980 年代筆者在西柏林工業大學（TU-Berlin）的一位朋友送我一本引人入勝的書，書名為《成長的極限》，其封面是一隻腳踩扁了地球。這是 MIT 系統動力學團隊在義大利「羅馬俱樂部」資助下完成的「世界模型」的德文版報告。工業革命以來，人類經濟發展的「指數成長範式」受到嚴重挑戰，可持續成長的概念開始在各國傳播。

《成長的極限》德文版

（八）「世界模型」的真知灼見

早在半個世紀之前，**「世界模型」**（World Mode）便警告世人，人類以犧牲資源和環境的增長模式無以為繼，當人口、糧食和工業生產達到高峰（請看下圖，均發生在 2020-2050 年）以後，榮景不再，不但非再生資源消耗殆盡，整個系統亦崩壞無疑。這種尋求「可持續發展」的概念，比聯合國第一個官方的可持續發展報告要早 15 年。

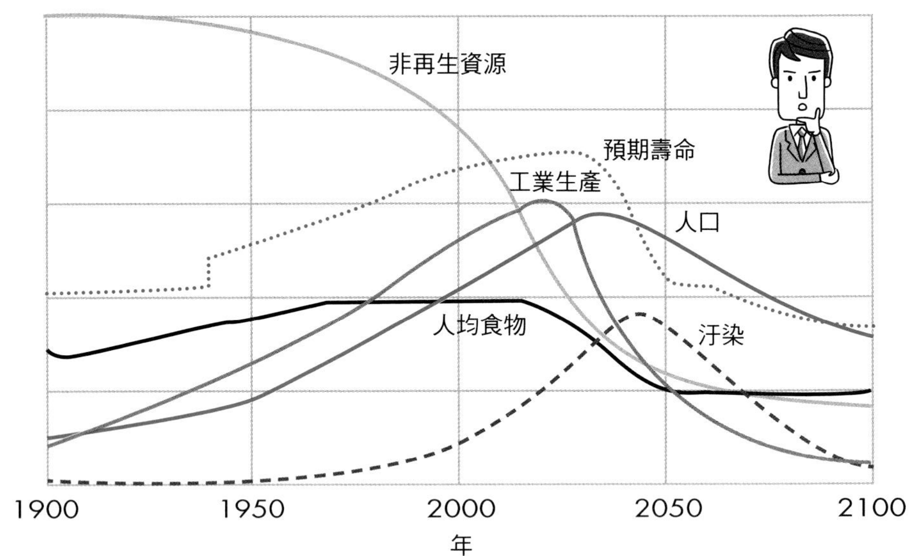

2-3-2 調節回饋環如何向目標前進

（一）調節回饋環，由目標導向

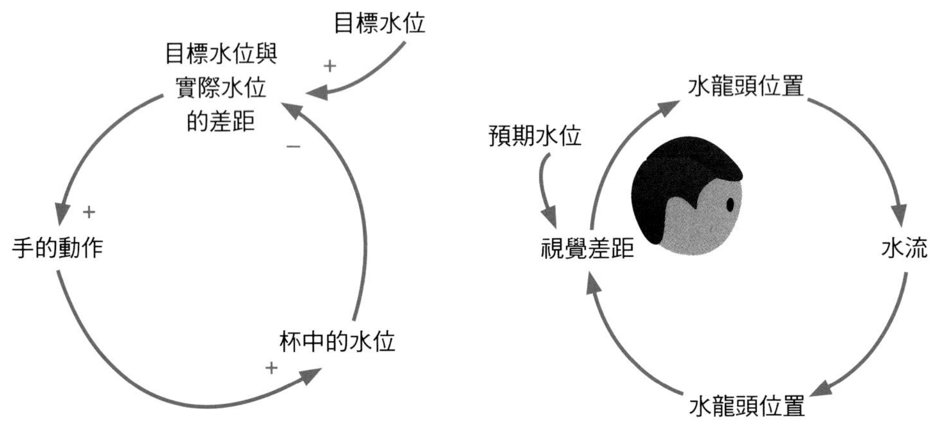

真實世界中最常見的是調節回饋，一種向目標逼近的行為。以水杯的倒水過程為例，請看上圖，左側是水杯倒水的因果回饋環迴路，右側是倒水動作的

示意圖。首先打開水龍頭讓水流入杯中，如果水杯快滿就把水龍頭轉小，相反如果嫌慢就把水龍頭轉大，最後水杯滿了水龍頭就關上。圖左的迴路內共有三個要素，第一是水杯倒滿的差距，第二是手的動作，第三是杯中水位，這三項元素間有一個負號，所以整個迴路是調節型。回饋迴路以外還有一個目標水位，它雖然不參加環內的反應，但它決定系統的最終狀態。水杯中的水位逐漸增加，最後達到目標值。

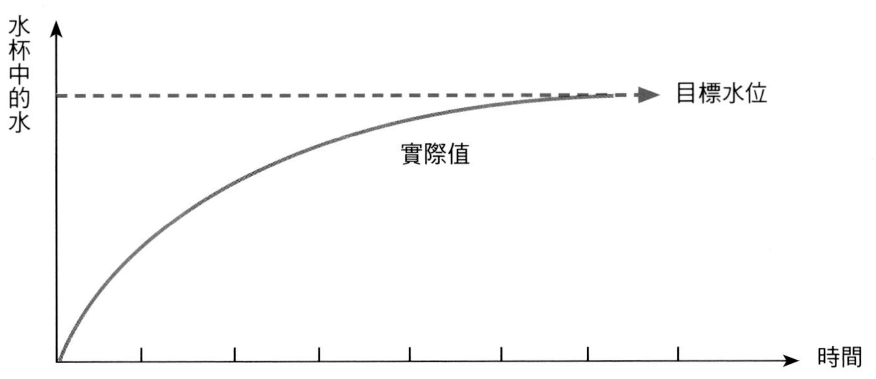

（二）商品的庫存調節以目標值為準

商品庫存的調節迴路如下，當實際庫存與理想庫存出現差距，商家便會調整庫存提高實際庫存量，所謂經營就是一遍又一遍地執行這個演算方程式。假定一開始實際庫存超過理想值，調整的動作是逐漸減少庫存，最後達到理想狀態。相反一開始實際庫存低於理想值，調整的動作是逐漸增加庫存，最後達到理想狀態。

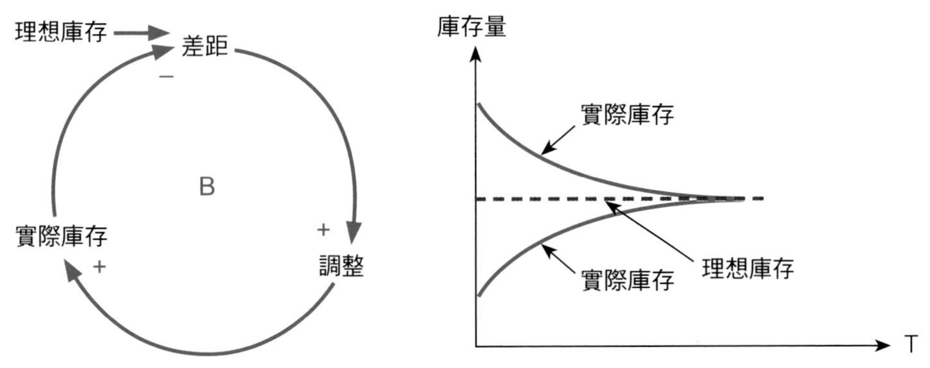

Q 學生：有人說增強回饋是一個由小變大的成長，調節回饋相反地是一個由大變小的負成長。這種說法對嗎？

A 老師：不對！無論增強或調節回饋環，它們既可以模擬數值遞增過程，也可以模擬數值遞減過程。

（三）時間遲延無處不在，遞增曲線與遞減曲線

增強回饋有兩種不同的發展可能，取決於系統的初始狀態，以銀行業務為例，存款為遞增曲線，借貸則為遞減曲線。調節回饋也有兩種不同的發展可能，取決於預期值，例如庫存，若高於預期則遞減發展，若低於預期則遞增發展。有區別的是增強回饋曲線是發散的指數曲線，而調節回饋曲線是相反的收斂曲線。

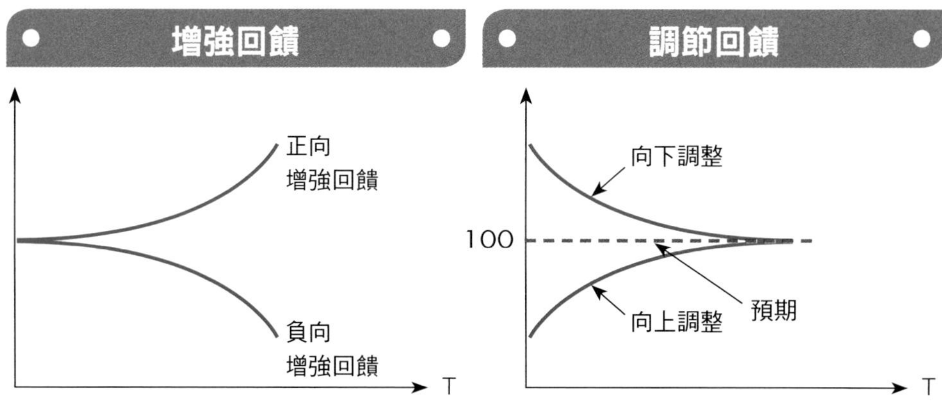

2-4 遲延與振盪

淋浴常有時冷時熱的現象，原因就是水溫調節過程的時間遲延。但沐浴者常常沒有耐性應付遲延（Delay），因此動手過頻，時而水溫開關向左（高溫），時而又向右（低溫），於是水溫上下振盪不已。

2-4-1 淋浴水溫調節迴路

淋浴水溫的調節過程和前面介紹的水杯倒水的調節過程一樣，只多了「遲延」的內容。請看下圖，遲延符號是兩條短的平行線，在「水溫開關大小」指向「淋浴水溫」的弧線上帶有 Delay 的符號。遲延介入後，調節雖然仍舊達到目標，不過其過程是起伏振盪。

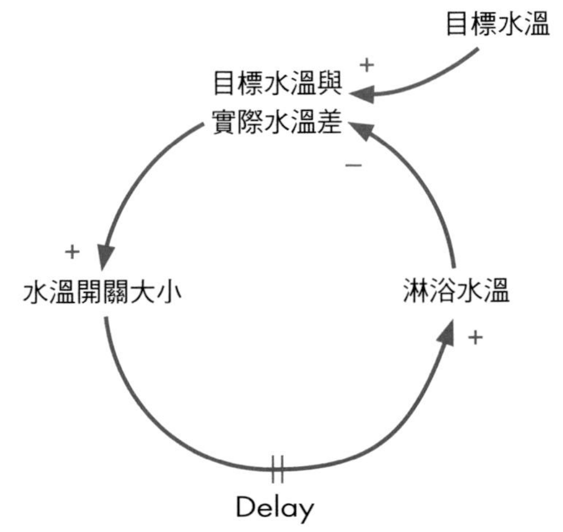

帶遲延的調節回饋常引起圍繞目標的振盪

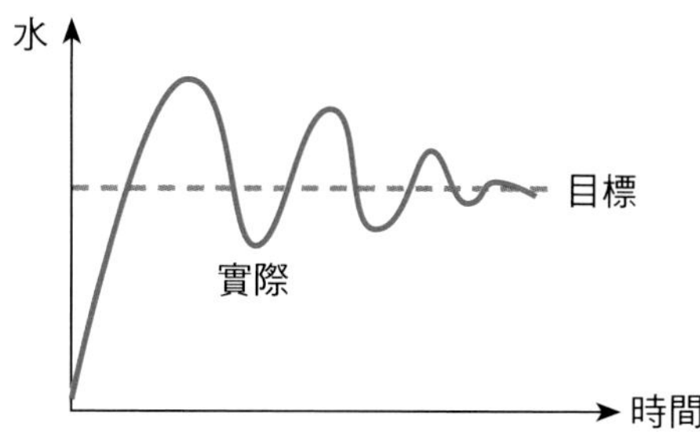

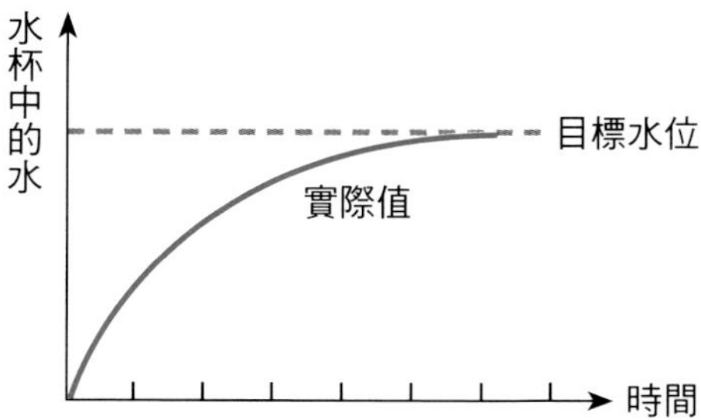

2-5 因果回饋環分析的常見錯誤

2-5-1 設計回饋環宜避免常見錯誤

相關不等於因果，因果回饋環的圖示常見兩種錯誤，一種是連接不當，另一種是命名不當。前者如太陽眼鏡與冰淇淋，二者有統計的相關性，但並無因果性，不會發生因為戴太陽眼鏡的人變多了，吃冰淇淋的人就會變多，二者間少了一個「平均氣溫」的中間連接。

再者如收入與血壓的不當連接，美國統計學會有一個男性血壓的樣本資料，顯示收入高的人血壓也高，難道二者有因果關係嗎？若加上「年齡」，其與收入和血壓則都有因果關係。

2-5-2 費雪與康菲爾德關於因果的大辯論

統計學歷史上關於相關性和因果性最激烈的爭論，是 1958 年統計學大師費雪與癌症專家康菲爾德對「癌症與抽菸」的大辯論。費雪是一個老菸槍，他拒絕承認吸菸會致癌。經過兩年的辯論，所有證據都壓倒性地支持康菲爾德「抽菸是肺癌當中的表皮樣本癌發生率急遽上升的主要原因」之結論，費雪最終不得不放棄自己的看法。

費雪（Ronald Aylmer Fisher, 1890-1962）

2-5-3　不要用句子

因果關係的元素宜用名詞或名詞片語，例如討論成本和價格的因果迴路時，不要用「成本增加和價格提高」這樣的句子，應該把「成本增加」改為「成本」。

尤其不宜用一個完整的句子當元素，例如有一個討論咖啡因上癮的因果環，請看下圖。第一張圖是不正確的用句子作元素，第二張圖是正確的用名詞作元素。

應該把「咖啡提神」、「太多咖啡／不想睡」、「睡眠不足／不精神」改為「咖啡」、「提神」和「睡眠」，這是一個增強型的因果回饋環，可以表達咖啡因上癮。

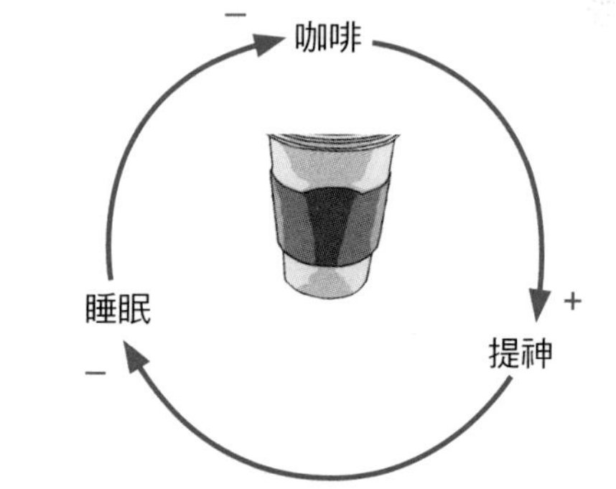

2-5-4 統計學的 Granger 測試

重要的概念必須使用統計學的 Granger 測試因果關係，簡單程序為：

如果事件 X 發生，事件 Y 就會發生，同時滿足：

如果 X 沒有發生，那麼 Y 也不會發生，或者：

如果 Y 沒有發生，那麼 X 也沒有發生。

2-6 因果回饋環諸例

2-6-1 摸著石頭過河

摸著石頭過河是民間對解決問題模式的調侃，它是一個一步一步逐漸接近目標的調節回饋過程。

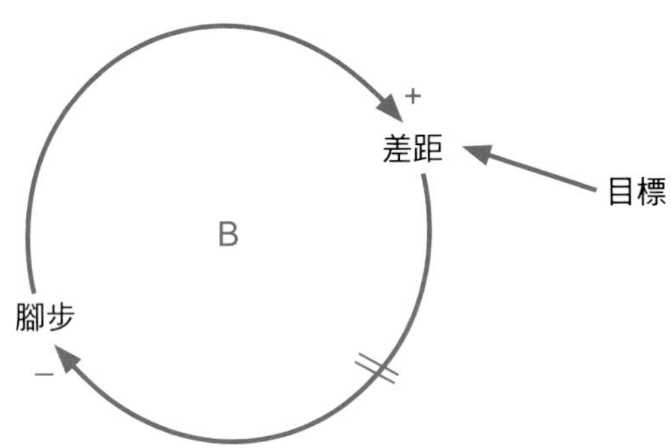

2-6-2 自得其樂

練習者的孤芳自賞會帶來更多的練琴機會，從而習得更好的技巧，這是一個良性的增強回饋。

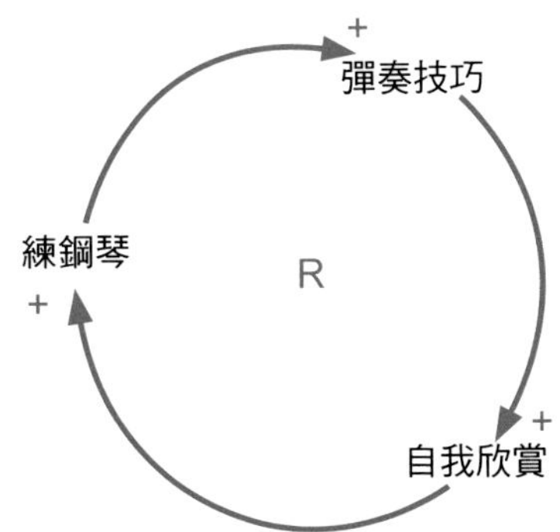

2-6-3 為什麼高速公路永遠不夠

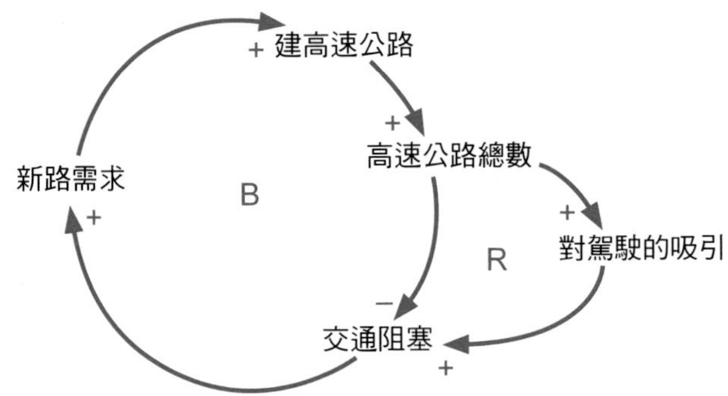

為什麼北京城的高速公路修了一環又一環，仍沒有夠的時候？許多人以為高速公路總數到達一個門檻值以後，公路塞車就會減少，正如上圖 B 環的情況。其實不然，他們沒有想到高速公路暢通將刺激駕駛者增加，又會使塞車增多，這就是上圖增強型 R 環的情況。高速公路足夠或不夠，正是上面 B 環和 R 環的較量結果。

2-6-4 城市塞車的夢魘

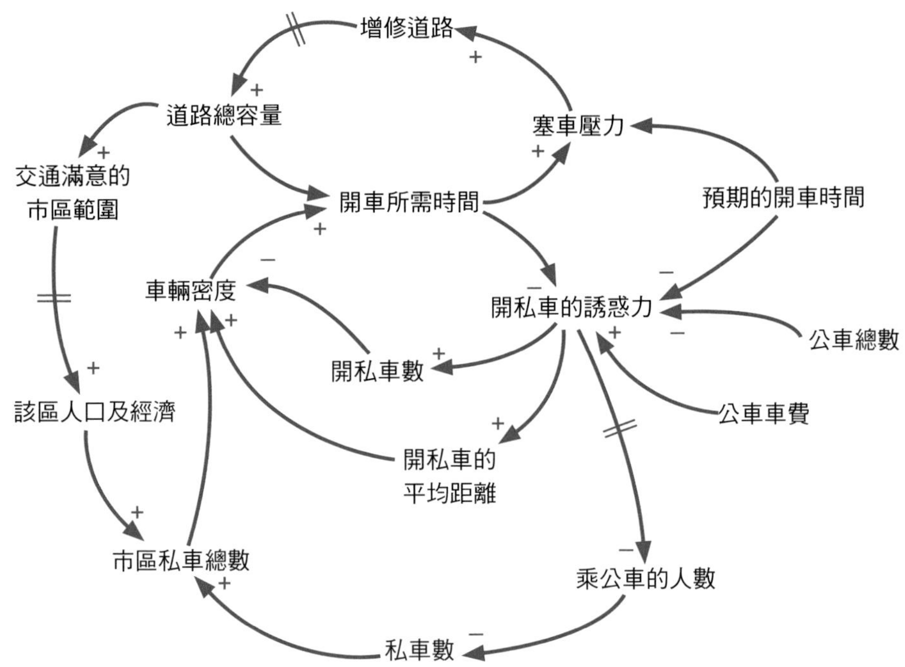

解決城市塞車的根本辦法，既非不斷修公路，也非實施擁擠稅（新加坡），也不是執行單雙號間隔政策，而是探索合理的公共交通與私車的比例關係。許多模型試驗說明，只有地鐵和公車的合理布局，才能揮去城市塞車的夢魘。

2-6-5 地球表面的水無限嗎？

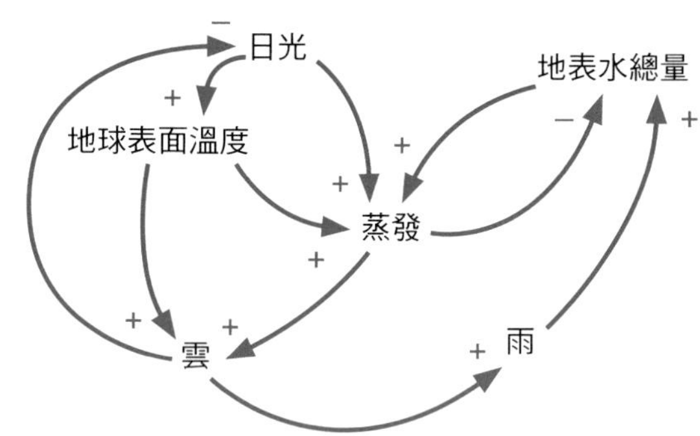

地球有一個十分巧妙的自動調節系統，結構複雜但機制簡單，就地表的水量而論，取決於降雨和蒸發的平衡，全球氣候暖化引起降雨量減少、蒸發量增加，水的徑流量由此減少，導致人類可利用的水資源數量持續下滑。

2-6-6 野兔的生態平衡

據「海灣公司」野生動物皮毛收購的歷史資料，加拿大哈德遜灣（Hudson Bay）1800 年野兔數約為 1,750 隻，1818 年野兔數增加到高峰 59,000 隻之後下降。1824 年只有 2,000 隻，然後又逐漸增長，1842 年出現新高峰達 61,000 隻。1848 年又降到 1,800 隻。第三次高峰出現在 1864 年（58,000 隻），谷底在 1874 年（1,500 隻）。

要如何解釋這種大約 24 年為週期的振盪現象呢？是乾旱嗎？這不大可能，在氣象資料上找不到 24 年為週期的大乾旱記錄。是瘟疫嗎？也不可能，因為傳染病和瘟疫的傳播週期最多是 4、5 年。最後則發現這是食物鏈形成的「生物量振盪」。我們知道野兔是山貓的獵捕對象，於是二者之間存在著一種動平衡；野兔是山貓的唯一食物，因此野兔越多，山貓也越多，可是如果野兔數量為零，山貓也必然死光。

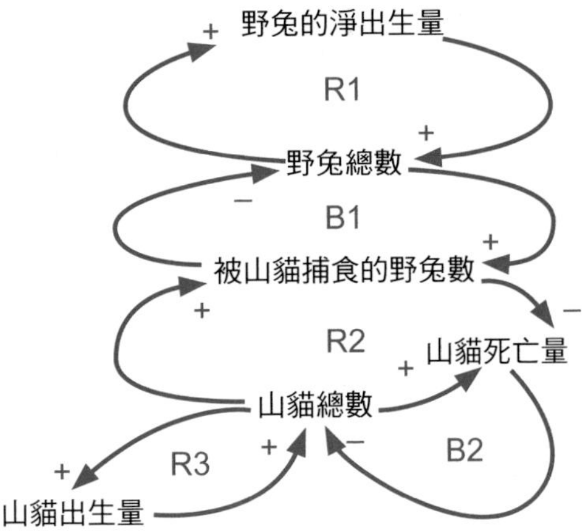

2-6-7 誰是美洲鱷魚殺手

「國家地理頻道」探索節目「格里芬湖美洲鱷魚殺手」，追蹤美國內華達州格里芬湖美洲鱷魚被「殺」的過程。究竟這是什麼「奇人」或「怪獸」所為呢？一批生物學家利用因果回饋環的分析找到真正的元兇，原來是格里芬湖開發引起的汙染，使湖內富含維生素 B1 的生物量減少，而後者是鱷魚的基本獵物。整個回饋環如下圖所示。

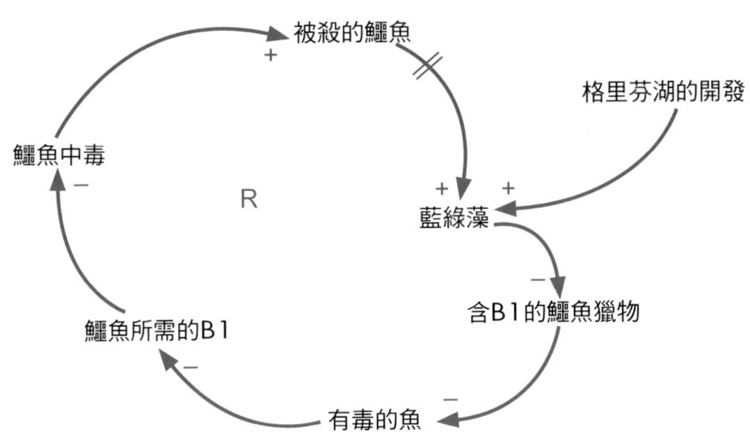

2-6-8 家庭戰爭

老王有兩個互相逗鬧的孩子阿狗和阿毛，阿毛常常向阿狗挑釁，阿狗也不甘示弱，爭吵的災難從此開端，但最後又是怎樣平息和衰減的呢？請看下圖的分析，這是一個增強回饋和兩個調節回饋組合的平衡，其中爸媽的參與是影響平衡的關鍵。請注意，當阿狗反擊阿毛的挑釁時，阿毛向爸媽訴苦，爸媽企圖制止阿狗，於是增強回饋改變為調節回饋等等。

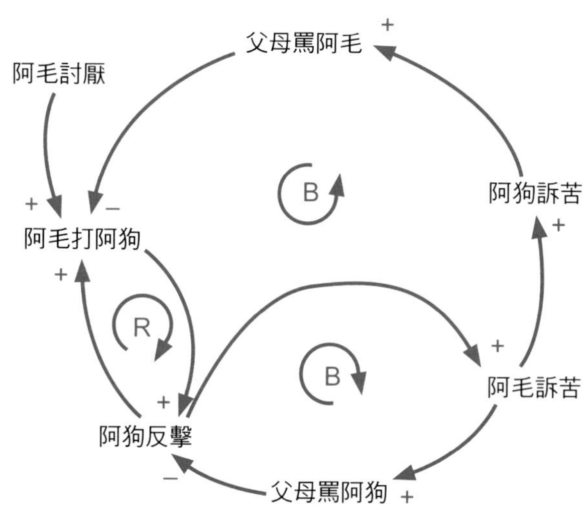

2-6-9 為什麼生物量不可能無限增長

生物量會無限增長嗎？人口會無限膨脹嗎？這是馬爾薩斯最關心的問題。其實所有的生物生長均受互相矛盾的回饋環控制，並不會出現一面倒的無限成長。自從比利時統計學家 Verhust 提出環境容量和 S 型曲線，衍生的「密度」概念成了討論的重點，請看下圖中密度所處的位置。

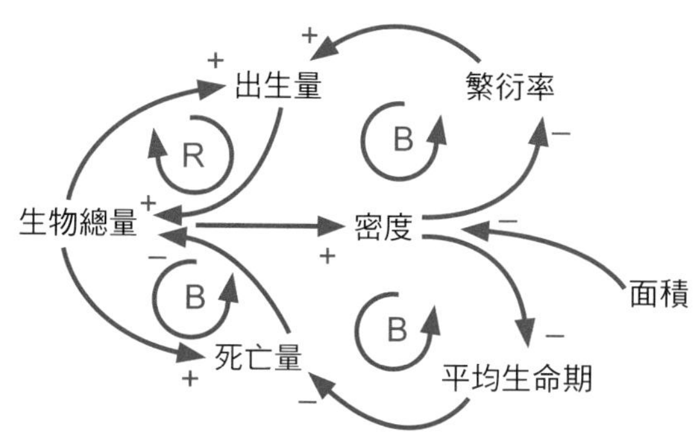

2-6-10 軍備競賽的「滾雪球」效應

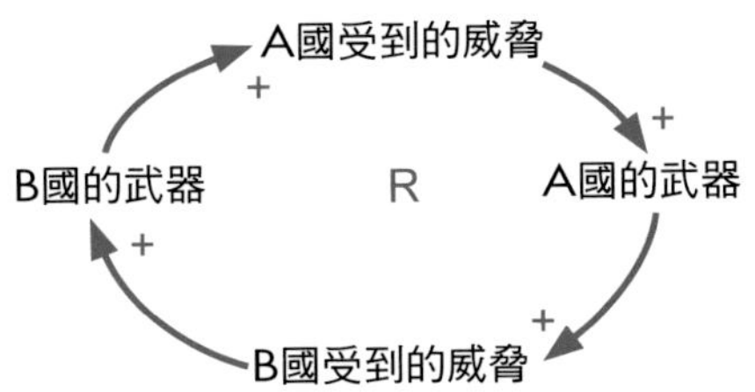

2-6-11 逃生與混亂

逃生由四個增強回饋環合成，是一個爆炸等級的能量發散過程，要避免災害，必須降低混亂指數，為此需要引進逃生秩序的調節回饋環。

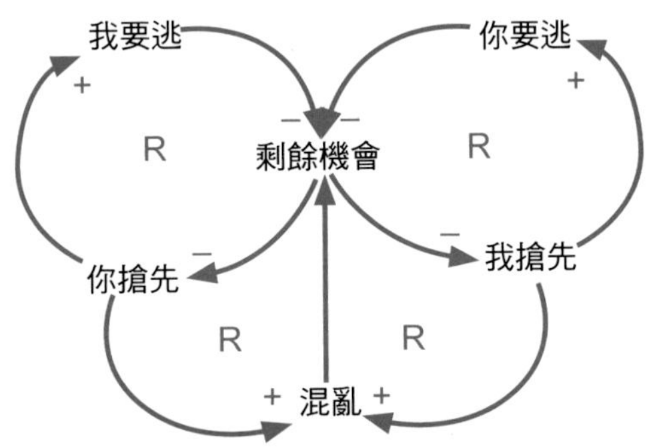

2-6-12 計畫失敗的元兇是倦怠

世界上不知道每年有多少計畫在實施，也不知道有多少計畫失敗。美國有一個專項計畫關於失敗的調查，最後發現「倦怠」是問題的中心。請注意圖中箭頭附近的符號「S」表示「Same」，即 + 號；符號「O」表示「Object」，即 - 號。

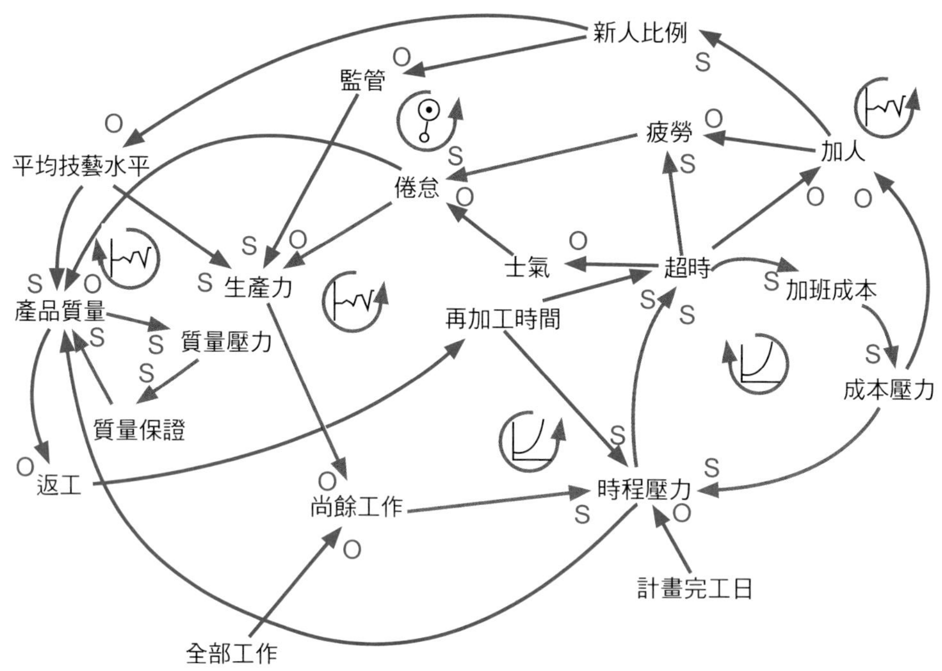

2-6-13 茶葉的故事

1750 年代歐洲城市擁擠、食物缺乏、疾病和貧窮交加；死亡人口增加和出生人口減少。當時只有英國例外，其人口不斷成長，原因何在？據人類學家解釋是茶葉的功勞，大不列顛人有飲茶習慣，而茶葉含單寧酸可以殺菌並減少疾病的發生。系統分析家舍伍德（Dennis Sherwood）設計了五個回饋環解釋關於大不列顛疾病、貧窮、城市人口和茶葉的關係。

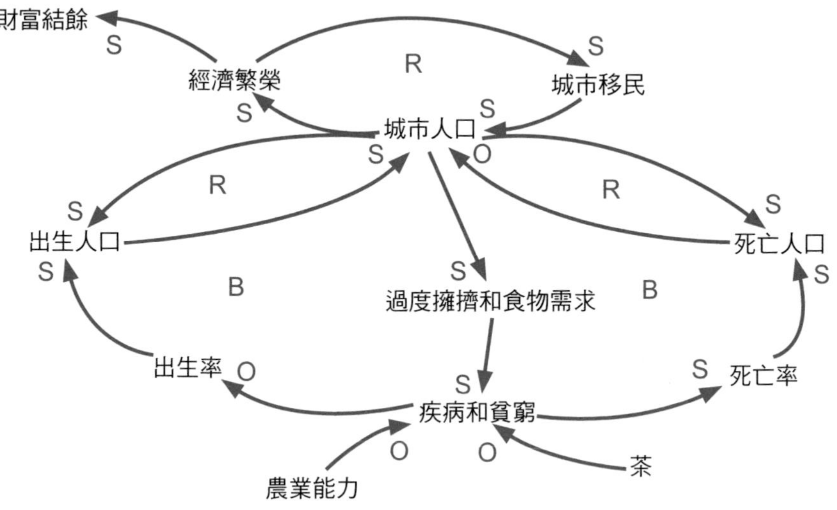

2-6-14 貧富分化

貧富不均自古有之，全球化和高科技使問題更加固化，貧富不均已經演變成穩定的社會結構。貧富固化的第一種可能原因是「世襲」，有錢的人才會得到下一次機會再富；第二種可能是偶然，例如樂透獎，一夜發財；第三種可能是以技能和教育改變命運。諷刺的是，第一種可能已經摧毀了第二和第三種可能。

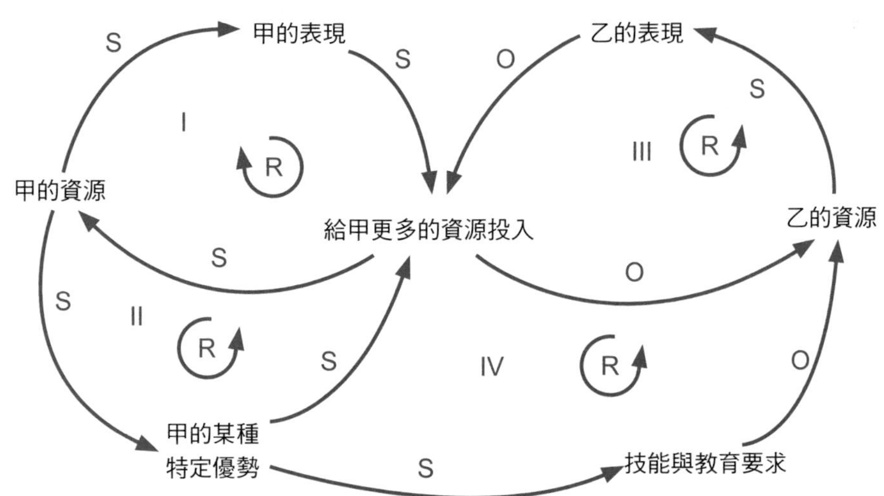

2-6-15 世界大同

若以共識代替衝突，互信代替仇恨，則新的世界大同將至！

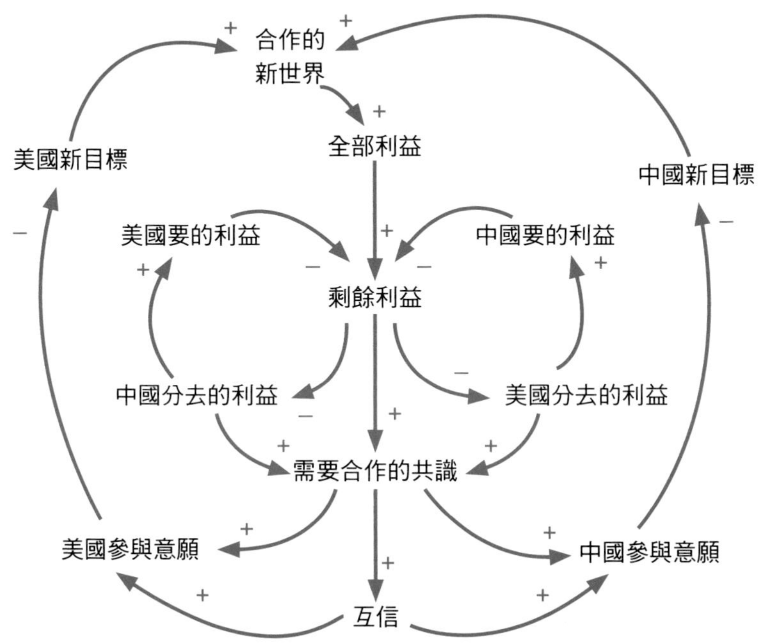

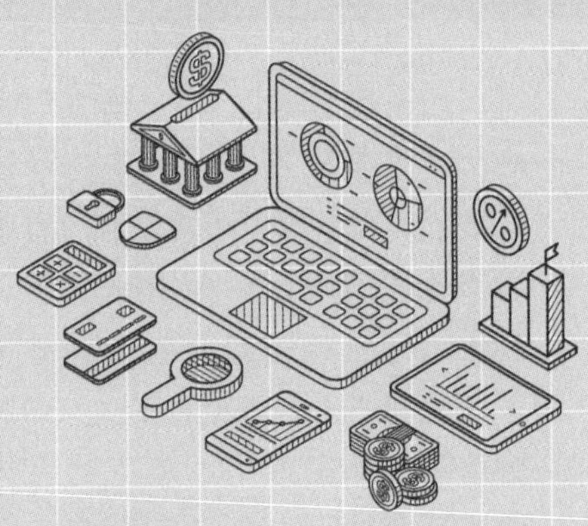

Chapter 3

彼得・聖吉的系統基模

3-1 系統思考的由來

「系統思考」（System Thinking）是一個西語名詞，最早出自奧地利生物科學家貝塔朗菲（Karl Ludwig von Bertalanffy, 1901-1972）1950 年的《一般系統理論》。他把系統分為兩類，一類是以非生命系統為主的「封閉系統」，另一類是以生命系統為主的「開放系統」。30 年後的 1981 年，英國管理科學家彼得·查克蘭（Peter Checkland）發表系統思考的專著，1990 年更發表軟系統方法論（SSM）。在查克蘭的著作中出現了一個新名詞「軟變量」。

奧地利生物科學家貝塔朗菲

3-1-1 題外有題

Q & A

Q 學生：老師！一談到概念，老師們都能掌握歷史引經據典，有沒有辦法法讓我們自學到擴張新知識的方法？

A 老師：問得好！現在有很多大數據方法，宜多利用搜尋工具。Google 系統有三種工具：Google Search、Google Trend，還有一種 Google Books Ngram Viewer。你們要多學習 Google 搜尋引擎的後兩種功能，避免人云亦云。今天談第三種。

「Google Books Ngram Viewer」幫助你獲得許多語料庫的知識
請連結 https://books.google.com/ngrams/

於 Google Books Ngram Viewer 輸入兩組關鍵字「system thinking」和「soft variables」，並設定好搜尋時間，結果得到可視化的答案圖。該圖

表示在 1950-2019 年期間上述兩個名詞在 Google 收集到的近一千萬冊圖書（有人估計大約占全部圖書的 6-8%）的語料中出現的相對頻率。

● system thinking 和 soft variables 在圖書語料中出現的頻率 ●

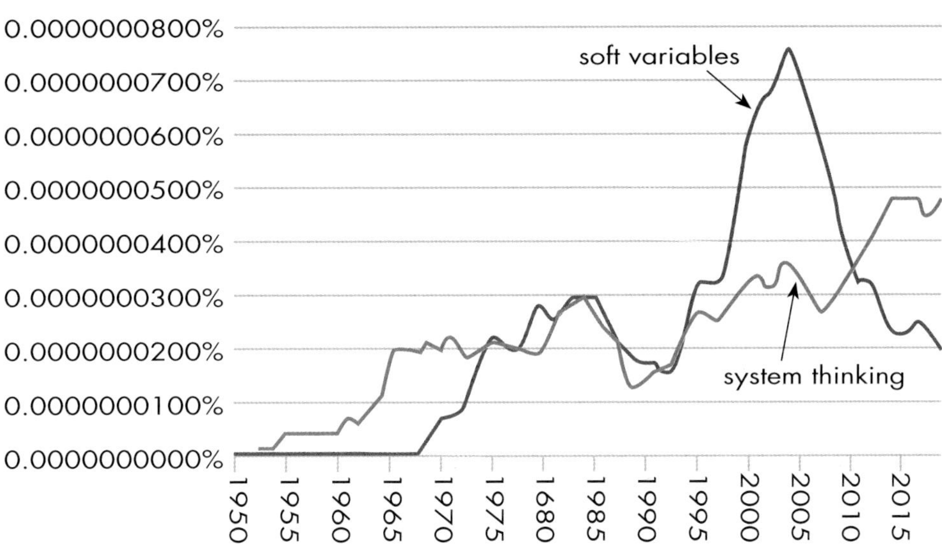

圖的縱坐標表示相對頻率，橫坐標表示時間，關鍵詞頻率現量隨時間變化的曲線稱為「行為曲線」，由圖可見 system thinking 一詞比 soft variables 早 10 年出現。再者，system thinking 曲線還在發展，沒有出現高峰，但 soft variables 曲線的高峰已過，即 soft variables 在語料庫中最流行的時期已過。Google Books Ngram Viewer 還有其他更多的功能，只要你願意，還可以進一步檢查出每年究竟在哪些書上出現過這兩個名詞。

3-1-2 為什麼要杜撰軟變量這個名詞

與「物理」比較，處理「事理」應該要用軟一點的靈活方法，軟變量這個名詞在 1980 年代應運而生。與物理的變量比較，軟變量沒有確定的度量單位，也無法精準測量。以管理系統的變量如「**疲憊**」和「**信心**」為例，即使有一種方法可以測量，它們也禁不起多次的反覆測量，數據無法保證多次同一。第二點，物理的測量數據不因地理而改變，例如「質量」在台北和高雄是一致的，可是軟變量「疲憊」卻因地理而異，在一個山水如畫的度假村，疲憊會打折扣。第三點，物理變量的因素比較容易控制，而與軟變量相關的因素太多幾乎無法控制。以上為軟變量的**不等**、**隨機**、**複雜**的三個特徵。許多社會學家反對以牛頓式的物理因果來觀看社會的道理即在此。

3-2 表象和冰山

德國哲學家叔本華早在兩百多年前就説過，意識所感覺到的物體，無論其概念或影像，都叫做「表象」。

3-2-1 冰山模型

Q 學生：您能不能告訴我們許多系統思考書上常談的冰山模型？

A 老師：是的，打破表象的一個重要手段是了解「冰山」。冰山有顯、隱兩個部分。容易看得到的只是浮在表面的部分，隱藏在冰面下的部分才是我們要找的原因和結構。

冰山模型

層次	說明	對應
事件	發生了什麼	反應
模式	如何隨時間變化	預期
潛在結構	部分與部分　部分與整體的關係	構思
心智模型	習慣什麼　相信什麼	轉換

3-2-2　冰山要素

事　　件：發生了什麼事？出現了什麼狀況？

行為模式：事件如何隨時間變化？

結　　構：造成行為模式的原因為何？有什麼關聯性？若改變結構將如何影響行為模式？

心智模型：用我們習以為常的態度、信念、價值觀等說故事。

3-2-3　一個有趣的故事

筆者讀國中的時候，國文老師講了一個有趣的故事，至今言猶在耳。話說有一個愛打瞌睡的同學趴在桌子上睡著了，喜歡他的老師看見了，十分讚許地對同學們說：「同學們，這個同學多用功呀，睡著了還在看書！你們應該學習。」隔了一會，來了一個討厭他的老師，說了另一番話：「大家看，這個同學有多懶，看到書就睡覺。」

兩個老師兩番評價，講故事的老師好像看透了我們為難判斷的心思，一針見血地講了一句話：**「什麼叫成見，現在你們懂了吧。」**大家如夢初醒，原來成見就是這樣出來的。用冰山模型再來演繹一遍老師的故事：故事中的事件是打瞌睡，它是表象，如果不分析冰山表面下的深層結構，看問題就會很膚淺，膚淺的見解往往很荒誕，我們需要一個合乎人情的心智判斷，**成見**就是老師打碎表象萃取出的心智模型。

3-2-4　另一個有趣的故事

既是兔又是鴨

挪威奧斯陸大學生物精神病學研究員昆塔納（Dan Quintana）在推特（Twitter）上傳一張「似鴨似兔」的圖片，引起 400 多萬名網友觀看討論，許多人一頭霧水不知道自己到底看到了什麼，其實這是一幅瑟夫·賈斯特羅（Joseph Jastrow）創作的名畫《鴨兔錯覺》（*Rabbit–duck illusion*），最初刊登在 1892 年 10 月 23 日德國幽默雜誌 *Fliegende Blätter* 上，標題為 "Welche Thiere gleichen einander am meisten?"（哪些動物彼此最相像？），圖的下方則寫著答案 "Kaninchen und Ente"（兔和鴨）。這張插圖因奧地利哲學家維根斯坦（Ludwig Josef Johann Wittgenstein）引用在他的名著《哲學研究》中而聲名大噪。

人們習慣將直接的印象視為真實，按照腦科學的說法，印象與觀察的起點有關，如果你按逆時鐘方向從左邊的嘴巴看起，這圖應該是一隻鴨子；如果按順時鐘方向從右邊的嘴巴看起，應該是一隻兔子。因為我們的右腦主導圖像思考，於是左視野的圖（鴨子）比起右視野的圖（兔子）更快被注意到。推而廣之，由於人類對於已知物體的認知來自於特徵及主要輪廓的記憶，人腦會自動地將圖像與腦中印象相似的形狀做比較並下結論，也因此常常弄錯真相。

3-3 系統思考的基本原則

Q & A

Ⓠ學生：老師，是不是可以說系統思考就是為了避免上面的謬誤判斷而制定了許多規則。若不掌握規則，做的分析再多，也是徒勞無功？

Ⓐ老師：系統由「部分」而組成「整體」，系統是有組織和層次的，而且在不斷變化。系統思考幫助我們看到組成整體的「部分」與「整體」之間的關係及其網絡，幫助我們揭穿表象和假象，找出正確的思考路徑。

3-3-1　系統思考的四個基本原則

1. 動態思考：不要把問題凝固在不變的時間、不變的場所，也不要只專注特定的事件。要利用長期的變化審視問題，例如人口的發展先快後慢，最後飽和。
2. 內部思考：不要把問題的原因推給外部，要對互有影響的內部因素明察秋毫，尤其看到與系統目標和大局變化有關的因素。
3. 宏觀思考：不要見樹不見林，所謂登高俯視而盡收眼底。
4. 閉環思考：因果關係不是單向地從「這些因」指向「那個果」，而是彼此有關聯的一環扣一環。

一環扣一環的閉環思考

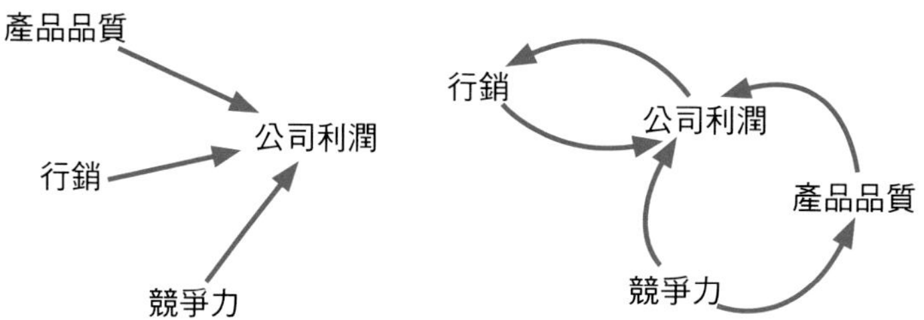

3-3-2　一個解釋系統思考的好例子：殺蟲劑 DDT 的因果回饋環

1942 年瑞士化學家保羅・米勒（Paul Hermann Müller）發明的 DDT 上市，使用 DDT 後，蚊蟲、蒼蠅和蝨子幾乎滅絕，從而瘧疾、傷寒和霍亂等疾病得到控制，DDT 在二次大戰期間的使用大概拯救了 2,500 萬人的生命，因此米勒於 1948 年獲得了諾貝爾生理學和醫學獎。

十多年後的 1960 年代，科學家們在南極企鵝的血液中發現 DDT，揭發了 DDT 經由食物鏈的傳播途徑。傳統思維是無法想到 DDT 危害的深遠。請看下圖講述 DDT 故事的多重回饋環。

DDT 滅蚊的多重回饋環

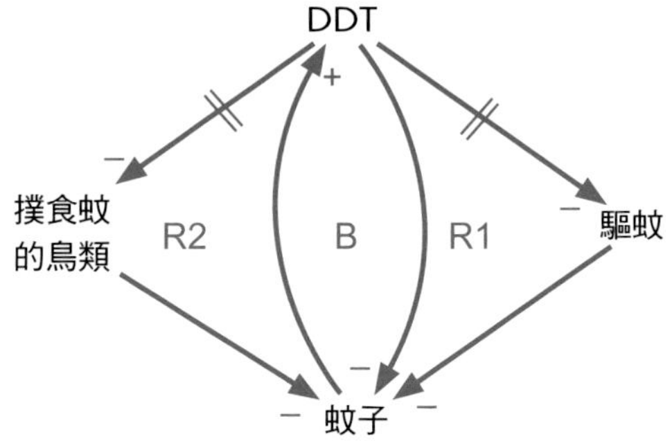

第一個環 B 是 DDT 的直接滅蚊效果，DDT 用得越多蚊子就越少，它是一個調節環，這是大家都想得到的。第二個環 R1 是間接的驅蚊效果，這是一個增強環，路徑如下：DDT →驅蚊→蚊子→ DDT。第三個環 R2 是食物鏈，也是一個增強環，路徑是：DDT →撲食蚊的鳥類→蚊子→ DDT。通常，只會用第一個環滅蚊的直接效果思考 DDT，不會想到帶有時間滯後的間接效果，更不會想到食物鏈。

3-3-3　寂靜的春天，用文學解構了因果回饋環

美國海洋生物學家瑞秋・卡森（Rachel Louise Carson）是第一個「自然文學」的創作家，1962 年她的醒世大作《寂靜的春天》（*Silent Spring*）出版，好似福爾摩斯破案，喚起了公眾的判斷。為什麼大多數人沒有想到鳥類的殺手不是獵人呢？ 10 年後的 1972 年，DDT 在美國被禁用。

線性思維和系統思考的對照

線性思維	系統思考
把事情分成小的部分	把事情看成整體
關心內容	關心過程
解決症狀	觀察動態
維護秩序控制混亂	混亂中發現自組織模式
只關心資訊的內容	不僅了解資訊的內容，更注意如何互動
相信秩序和可預測性	在混沌的大環境中不輕言可預測性

3-3-4 因果回饋環的可視化結果

Q 學生：我們如何從因果回饋環的故事中看到是非曲折？

A 老師：事件的時間動態就是因果回饋環的可視化結果，比較複雜的是回饋環和它的系統行為，並沒有嚴格的對應關係。

3-4 系統的行為模式與系統狀態

事件如何隨時間而變化，大概可以歸納為以下六種類型。第一種為指數成長，比如人口，第一年增加 10 萬人，第五年不是增加 50 萬，而是增加了 100 萬人。第二種為指數衰減，比如林地消失，第一年消失了 10%，第五年消失了 70%。第三種為振盪，比如豬肉價格的季度波動。第四種為 S 型成長，比如新冠肺炎的傳染，第一個月傳染了 5% 人口，第五個月傳染了 50% 人口，第十個月全部人口受傳染。第五種為超負荷後的振盪，例如石油生產高峰過後的產量波動。第六種為超負荷系統的崩潰，比如稀有物種的滅絕。

六種典型的行為模式

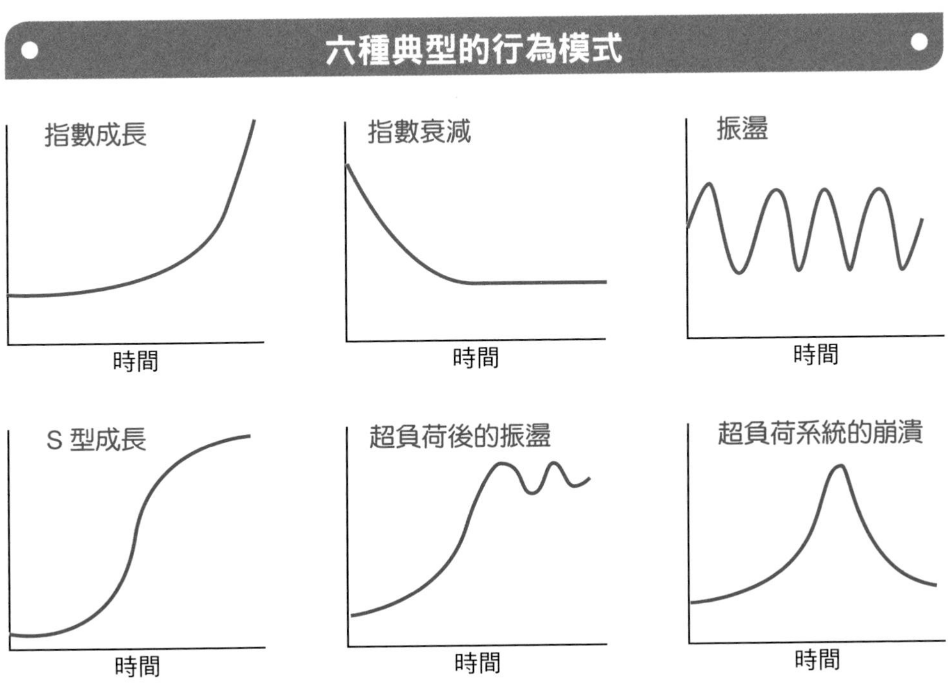

3-4-1　行為模式與系統狀態

Q 學生：為什麼有的事變化可測，有的事卻變幻莫測？

A 老師：系統變化的慣性與系統所處的平衡狀態緊密相關。

行為模式及其轉換與系統的平衡位置有關，當系統處於穩定平衡態時，系統受到干擾後仍能恢復到原來的狀態，好像一顆小球沿著飯碗的碗口從上而下滾去，雖然衝到碗底仍會小幅擺動，但最終穩定於碗底。如果小球置於尖物上，小球的狀態就會不穩定，不是向左滾動就是向右滾動。如果小球放在一塊木板上，小球隨遇而安處處平衡。如果小球放在一個凹谷，它將處於亞穩定狀態。如果小球處於兩個凹谷的環境中，它就有多重穩定的可能。

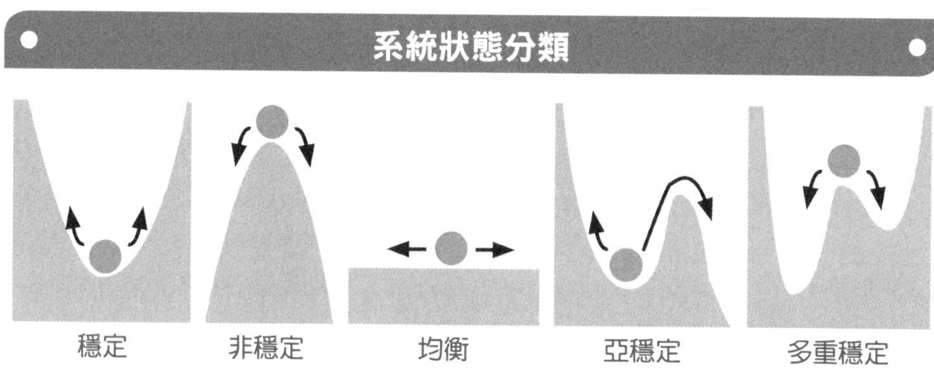

3-5 思維觀念與蘭州拉麵

有人說思想過程像打鐵，有人說思想過程像揉麵，也有人說思想是鍛鍊出來的。其實最好的比喻是，系統思維是蘭州拉麵，是觀點、假設、結論三者反覆地揉、拉、合的過程。

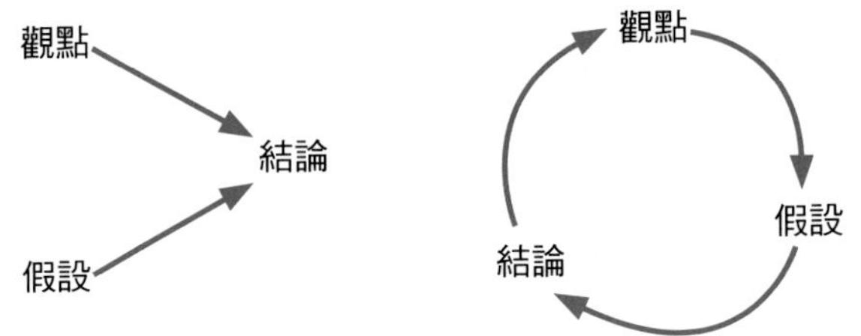

3-5-1 六對關係

系統思考揉合了六對不可分割的關係：

第一，依賴／獨立的關係；第二，閉環／直線的關係；第三，湧現／平淡的關係；第四，整體／部分的關係；第五，綜合／分析的關係；第六，連接／孤立的關係。

系統思考包含的六對關係

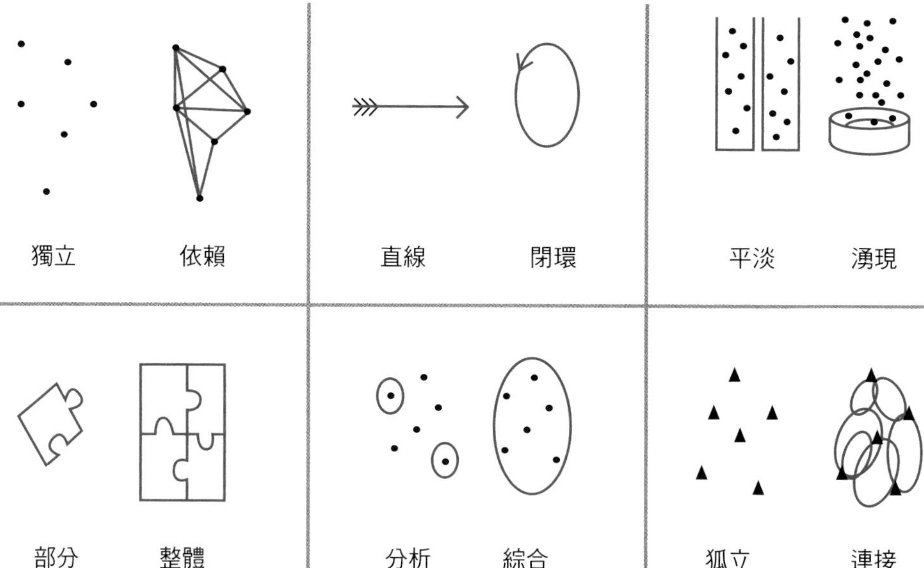

3-6 第五項修練，彼得．聖吉系統思考的基本模式

3-6-1 青出於藍勝於藍

一代宗師系統動力學之父福里斯特教授（Jay Wright Forrester）的第一代女弟子多內拉．梅多斯（Donella Meadows），最早提出系統動力學建構的系統思考框架，可惜英年早逝。青出於藍而勝於藍，1990 年多內拉．梅多斯的弟子，MIT 史隆管理學院的彼得．聖吉（Peter Senge）出版《第五項修練》（*The Fifth Discipline*）。2005 年底，《金融時報》說這是一本從二十餘萬本商業管理叢書中選出最具影響力的書。聖吉被譽為領導全球「學習革命」的先鋒，他所談的《第五項修練》就是系統思考的範例。

Q & A

Q 學生：為什麼叫第五項修練？

A 老師：聖吉的前四項學習修練分別是：1. 自我超越，2. 改善心智模式，3. 建立共同願景，4. 團隊學習。

聖吉在《第五項修練》中列出系統思考的八個基本模式（Archetype），本節將分享這些重要的知識。

3-6-2　系統基模說盡管理的各種故事

Q 學生：什麼是系統基模？

A 老師：系統基模是「Systems Archetypes」的翻譯名詞，意思是利用一套基本的因果回饋迴路圖來映射不同的事理，以概括管理工作中各種常見的經驗與教訓。坊間有不同的系統基模，其中最受推崇的是彼得．聖吉於 1990 年代開創的，包含的基模數量不等，有的包含 8 個，有的包含 10 個。

3-6-3　系統思考基模一：事與願違（Fixes that Backfire）

（一）基模一：機器又吱吱地響了

聖吉的第一個系統基本模式叫「Fixes that Backfire」，有人翻譯為「飲鴆止渴」，比較好的翻譯應該是「事與願違」。當你無奈被迫使用「頭痛醫頭」的方法解決問題時，你應該試試聖吉的這個模式能否幫你脫離思考的困境。比如當你聽到機器軸吱吱的摩擦聲，你可能會下意識地在軸上加點機器油，結果呢，過了一會討厭的吱吱聲又出來了，聖吉稱之為「故技重施的事與願違」。

系統思考基模一，「事與願違」的回饋模式

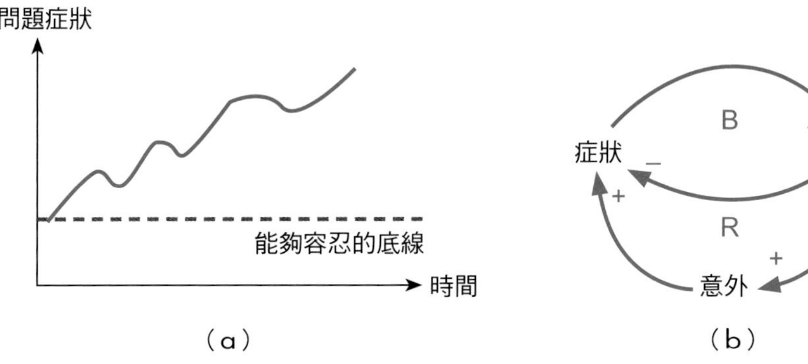

事與願違的回饋環迴路圖 CLD 由兩個回饋環構成，第一個環是對策和問題症狀，它是一個調節迴路（Balancing Loop），我們用符號 B 來表示。所謂措施常常是頭痛醫頭的方法。比如一台機器在晃動而且吱吱發響，你順手加了一點機器油。第二個環是措施、意外、症狀，它是一個增強環，用符號 R 表示。第二個環是事與願違基模的特徵。由問題症狀的系統行為可以發現，在故技重施事與願違的情景下，問題的症狀沒有變小，而是不斷。

我們再來看另一個例子：加班問題，公司、行號、工廠、機關經常用加班來提高業績，短期固然有點用處，時間一長副作用便顯露無疑，因為越加班，員工的士氣越低迷，結果加班變成無用的管理模式。

無奈的加班

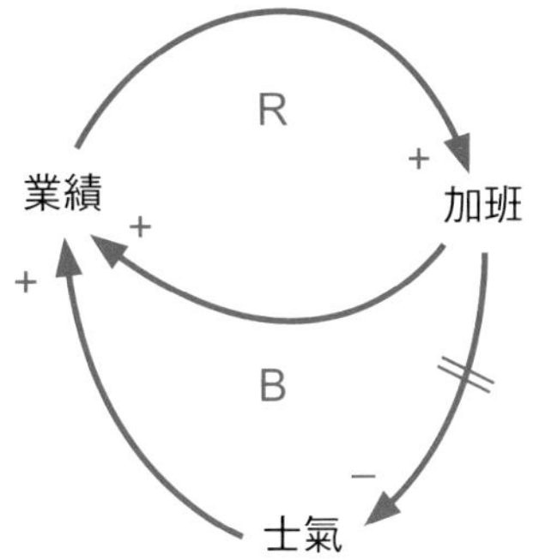

（二）回饋環的布局是相對自由的

Q 學生：老師，為什麼同一種基模，上面兩張圖的布局不一樣，前者上面的環是均衡環，而後者是增強環？

A 老師：基模一的結構是增強和均衡兩個迴路的合成，至於這兩個性質相反的迴路，哪個在上、哪個在下都無所謂，它們的系統行為是一致的，不僅如此，所有 CLD 中的環路布局既可以按照順時鐘，也可以按照逆時鐘方向旋轉。

回饋環橫向布置

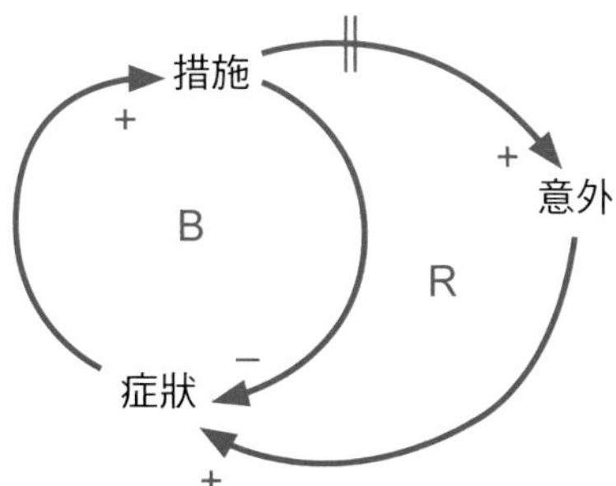

（三）只換教練不管用

荷蘭蒂爾堡大學 2016 年有一項針對荷蘭頂級足球聯賽，連續 14 個賽季中 42 名教練被解僱的研究，研究團隊發現體育賽事中，接力賽的策略比較簡單，可以把焦點放在運動員的表現上，直接選拔合適的運動員；但足球賽事卻十分複雜，要全盤考慮好幾個層次的問題，比如運動員的臨場表現、體能和防守策略等，一個球隊真正的問題在哪裡很難找出來，然而球隊管理的習慣做法往往是更換教練。換教練可以解決一時的問題，但球隊根本的不良表現並未解決。請看下圖，上面一環是調節回饋，換教練後球隊的不良表現會暫時改善，但經過一段時間的 Delay，潛在問題越演越烈，球隊的不良表現更加嚴重。

只是換教練而不解決問題

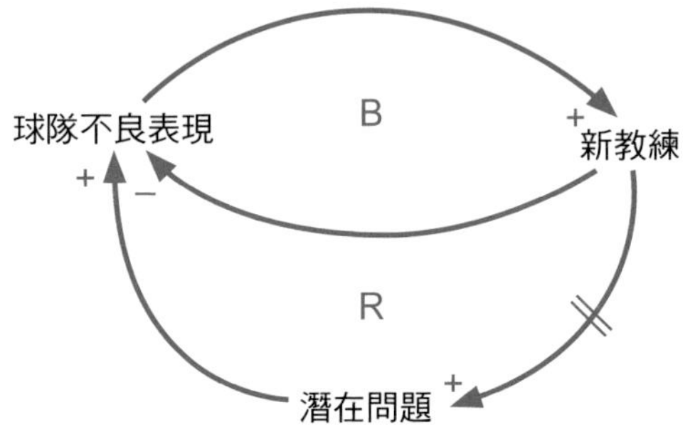

（四）台灣缺水，為什麼意外

2019 年聯合國世界水資源發展報告中說明：全世界用水量自 1980 年以來每年大約以 1% 的速度增長。未來將會有超過 20 億人生活在缺水的環境之中，約有 40 億人遭受嚴重缺水之苦。台灣年平均年降雨量約為 2,500 公釐，是世界平均值的 2.6 倍，但因地狹且人口密度高、地形因素以及氣候影響，使得台灣的人均雨量僅世界平均的 1/5，被列為世界的 19 位缺水國。台灣治水的傳統方法是水庫，境內總共興建 96 座水庫蓄水（2020 年統計），由於近年極端氣候影響，暴雨頻率增加，水庫的淤積速度遠遠超過清淤的速度，水庫有效蓄容快速降低，一旦缺雨，水情便會緊張到可怕的程度。

台灣水庫治水之意外

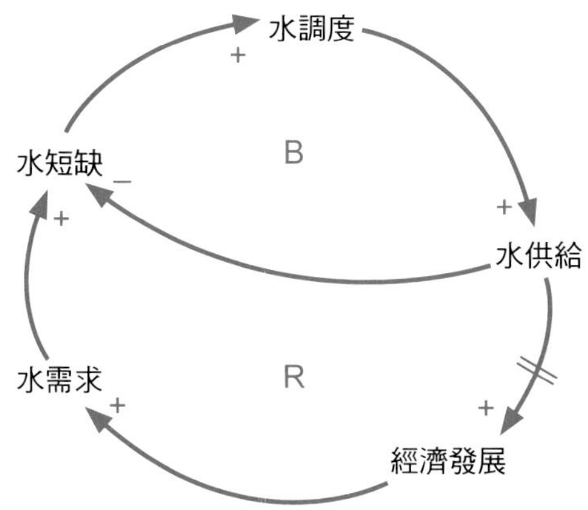

請看上圖水庫治水的事與願違，該 CLD 共有兩層，上面的一層是調節型的回饋迴路，描述水庫治水所依託的工具是水調度，包括節水、限時或拆東牆補西牆的手段，以增加短暫的水供給能力。許多人沒有看到，在這個頭痛醫頭的 CLD 的下層，一個增強的回饋環正在不斷發展，它所形成的永遠成長的水需求才是社會的真正威脅，水庫萬能掩蓋了水短缺的隱患。台灣必須加強水資源的可持續管理，一方面仍需開源，但更主要的是節流。

（五）多變量的基模一：裁員問題

裁員的事與願違

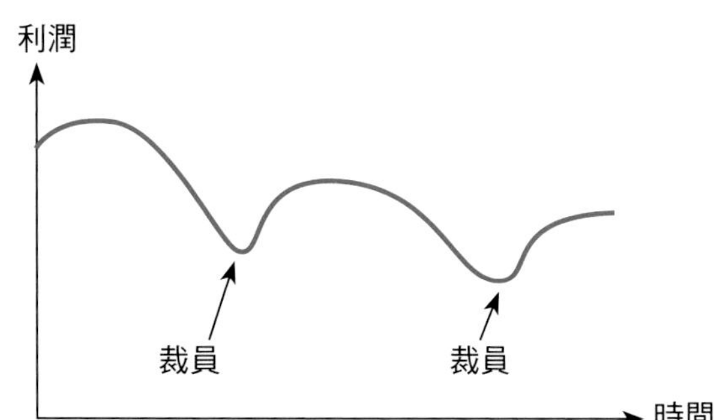

裁員的利潤曲線

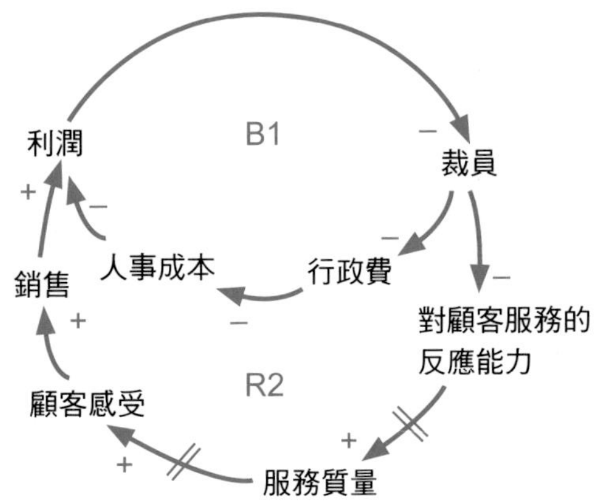

基模一的核心結構是增強環與均衡環的共同作用，每個環路中的變量數目完全由故事決定。上圖是一個企圖用裁員解決利潤下降問題的頭痛醫頭的故事，這個故事共有八個變量組成兩個對立的環，B1 是上面的小環，由變量裁員開始，經過行政費、人事成本、利潤再回到裁員，這是一個調節環。R2 是一個大環，由裁員開始，經過對顧客服務的反應能力、服務質量（帶時間遲延）、顧客感受（帶時間遲延）、銷售、利潤，最後回到裁員，這是一個增強環。由圖可見，利潤下降到一定程度後老闆們就會用裁員的辦法刺激利潤的恢復；果然裁員後利潤都會有一定的回彈，但基模一的行為曲線說明，大趨勢是越裁員，利潤越下降。

（六）系統思考基模一：「事與願違」的作業

每一種系統思考模式我們都會留一個空白圖，請用實際的資料把它填滿。

系統思考基模一，「事與願違」的空白作業圖如右。

請你至少用三個變量來說一個事與願違的故事，這三個變量是：問題症狀、措施和意外結果。

例如一個新開張的便當鋪，問題是賣得不好，老闆的措施是擴張網路通路，起初確有起死回生的感覺，過了不久銷量便又掉下去，意外的原因是他沒有想到擴張網路通路結果催生了專業的外賣公司，如 foodpanda 興起。

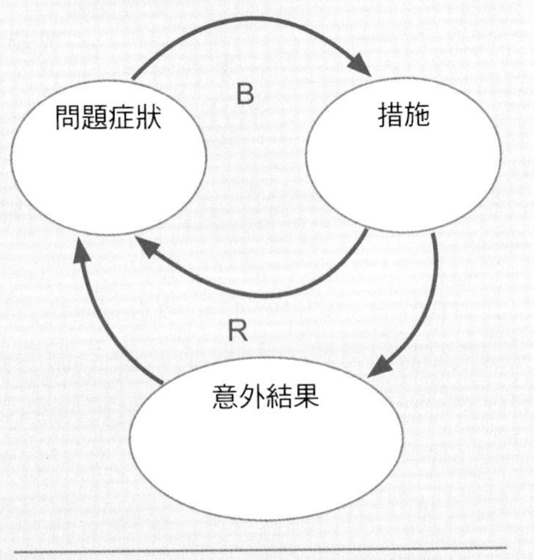

基模一「事與願違」習題

3-6-4 系統思考基模二：「捨本逐末」（Shifting the Burden）

（一）便宜行事，捨本逐末

2011 年諾貝爾經濟學獎得主丹尼爾・卡尼曼（Daniel Kahneman）的暢銷書《快思慢想》（*Thinking, Fast and Slow*）出版。卡尼曼將人類的思維歸納為兩大系統：系統一，快速、直覺且情緒化；系統二，較慢、較具計畫性且更仰賴邏輯。

彼得・聖吉的觀點與卡尼曼相仿，他認為解決問題通常有兩種方法，一種是快速的治標，另一種是長期而慢速的治本。雖然治標的方法短期內可以快速見效，但是如果濫用一段時間，解決問題的根本方法就被耗散。以下是「捨本逐末」基模的三個回饋環的結構，兩個平衡環、一個增強環，其核心變量是

「問題症狀」。第一個調節環 B1 的路徑如下，問題症狀引起治標的症狀解，症狀解可以緩解問題的症狀。第二個調節環 B2 說明問題症狀越多，遇到根本解的可能也越多，但是由於根本解有時間遲延，隔一段時間才看到問題症狀的減輕。「捨本逐末」模式中最戲劇化的是增強環 R：越用症狀解，副作用越大，最終根本解遭受排擠。頭痛是許多疾病的一種症狀，吃阿斯匹林片是最常見的症狀解，可是服用阿斯匹林越多，副作用也越大，結果調整健康狀況的實際能力越來越小。

系統思考基模二，「捨本逐末」

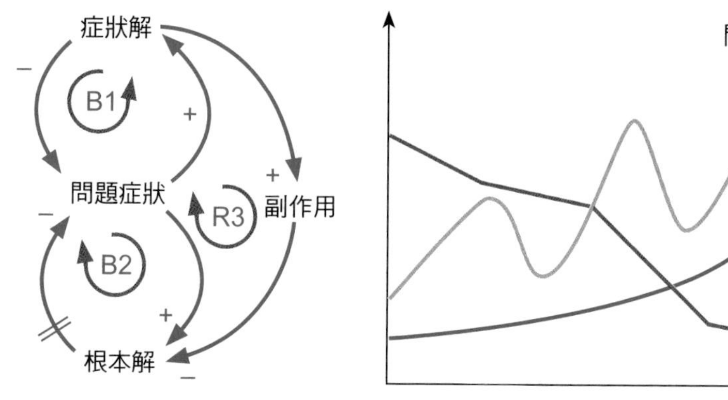

（二）價格促銷，擠掉改善品牌的投資

當產品銷量下降時（問題症狀），製造商透過價格促銷（症狀解）便宜行事，如下圖中的 B1 環；其實根本的辦法是改善品牌的品質和形象（根本解），如圖中的 B2 環。另一方面，價格促銷使零售商更依賴於由此獲得的補貼，結果減少了製造商用於投資品牌形象和品質的資金，如圖中的 R3 環。

價格促銷

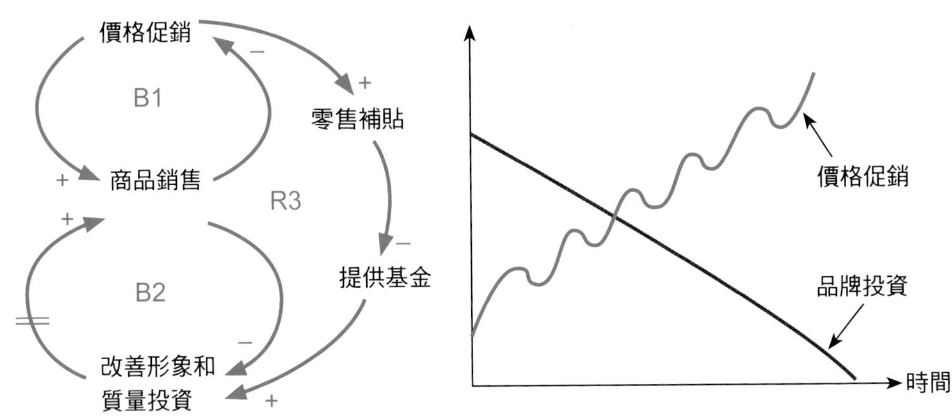

R3 環一共包含五個變量：零售補貼、提供基金、改善形象和質量投資、商品銷售以及價格促銷。R3 也可以稱為「依賴」或「上癮」。

（三）卡奴，塑膠鴉片上癮

1990-2000 年間信用卡問世，刷卡交易的網路化結束了現金借貸的長久歷史，花錢變得輕鬆愉快，尤見於年經人。1999 年台灣第一張現金卡「喬治瑪麗現金卡」（George & Mary）問世，此乃台語諧音「借錢免利」。兩年之後，萬泰銀行股價大漲八倍。由於買房買車的頭期款輕鬆易得，吸引無數人使用信用卡。以上過程可以透過回饋環 R1、B1、B2 和 R2 的結構得以說明，其中「現金周轉」相當於「問題症狀」，「借貸」相當於「症狀解」，「財務控管」相當於「根本解」。由於信用卡借貸太容易，造就了一大批沒有還款能力的卡奴，成為當時台灣嚴重的社會問題。R2 是一個增強環，說明信用卡越使用，副作用越大。因此，當時許多人把使年輕人使用上癮的信用卡叫做「塑膠鴉片」。

信用卡（塑膠鴉片）

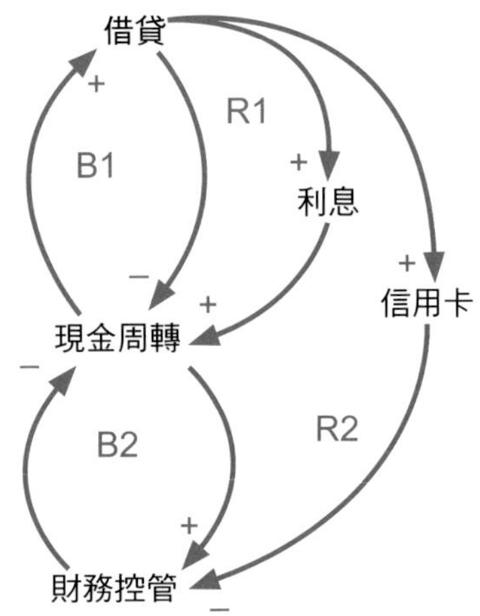

（四）越捐款越依賴，越外包越無能

貧窮是一種發展落後的症狀，治標的方法是捐款與外援，從下圖的反饋迴路結構中可以看出，依靠外援的方式無從建立自立自強，結果貧窮並未因外援而解決。從圖中可以看到包含變量「依賴外援」的環路 R3 是一個加強回饋，它會不斷擴大，即越捐款越依賴。

貧窮與依賴

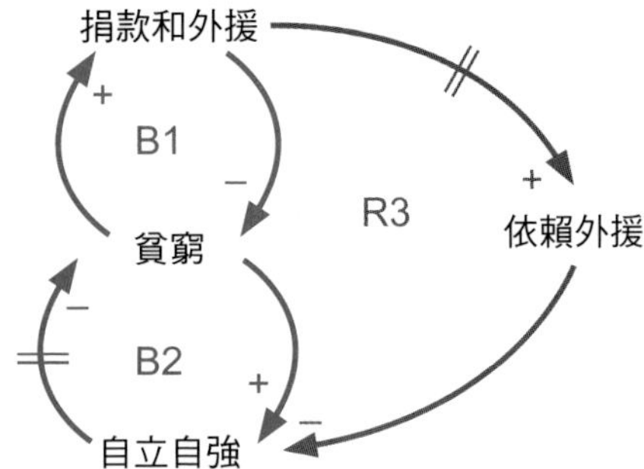

與扶貧類似的還有企業核心業務的外包，這種不求建立內部能力的模式，越外包越依賴，表面上是公司既省錢又省事，結果完全喪失競爭能力。

（五）石油上癮，電動車姍姍來遲

電動汽車的歷史其實比內燃機汽車要早，1828 年匈牙利工程師耶德利克（Ányos Jedlik）第一次在實驗室完成電動車實驗。1834 年美國達文波特製造出直流電機驅動的電動車。一百多年後的 2003 年，專業生產電動汽車的特斯拉公司成立。這是出於什麼原因？因為使用石油上癮後，每當石油價格上漲，就有省油的車問世，電動車便會被冷落。請看下圖，在發展機動車的歷史過程中，汽車使用的石油價格不斷上升，這是問題的症狀，根本的路徑是發展電動車，可是困難重重，因為省油的車一代一代發展得很快，石油是產業發展的路徑依賴。

1895 年電動汽車

石油上癮

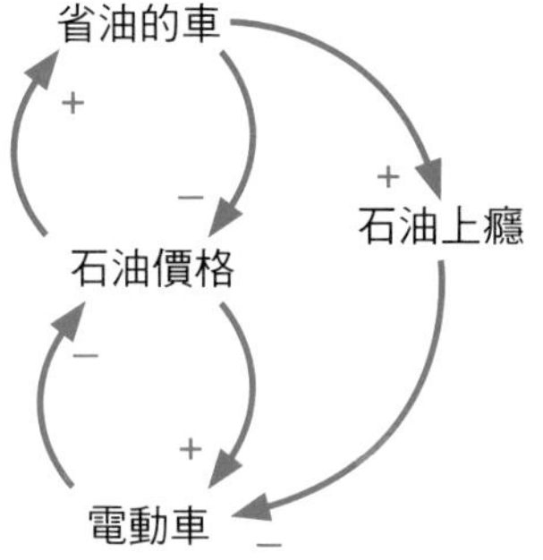

（六）為什麼台灣缺少乾淨能源？煤炭上癮！

台灣供電安全攸關經濟發展，法定備用電容量規定為 15%，但自 2014 年以來台灣備用電都在 15% 以下。供電安全影響到舉足輕重的半導體生產廠商的去留，然而十分遺憾，台灣廢除了既存的核電，竟然用煤上癮，大家都奇怪怎麼會這樣

呢？請看下圖台灣電能本末倒置的模型。解決缺電有兩條路，一條治本，順應世界潮流開發可持續能源，另一條治標，是使用煤炭。既省錢又省力、立竿見影，美其名曰「乾淨的煤炭」，但以碳足跡的標準而論，世界上並不存在什麼乾淨的煤。治標便宜行事而為執政者懶惰效力，不知不覺中台灣用煤上癮，為國際不解。

用煤上癮

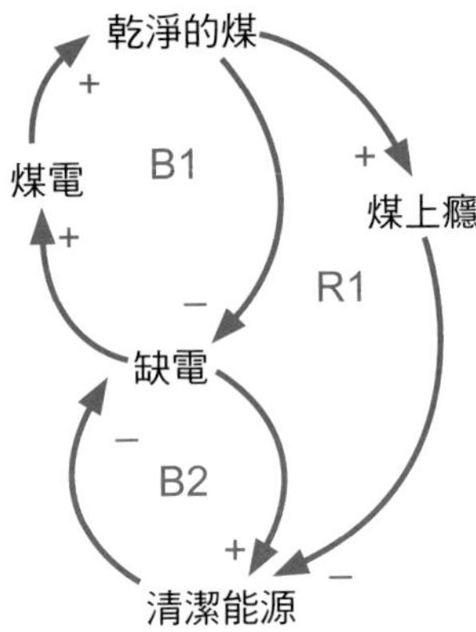

台灣政府 2017 年宣示「2025 年實現再生能源比達 20%」，然而目前台灣主要發電方式仍以化石燃料為主，再生能源僅有 4.7%，如果繼續相信乾淨的煤，2025 年的目標必定落空。

（七）系統思考基模二：「捨本逐末」的作業

請根據實際調查的資料在空白欄中填寫所設計的變量名稱。

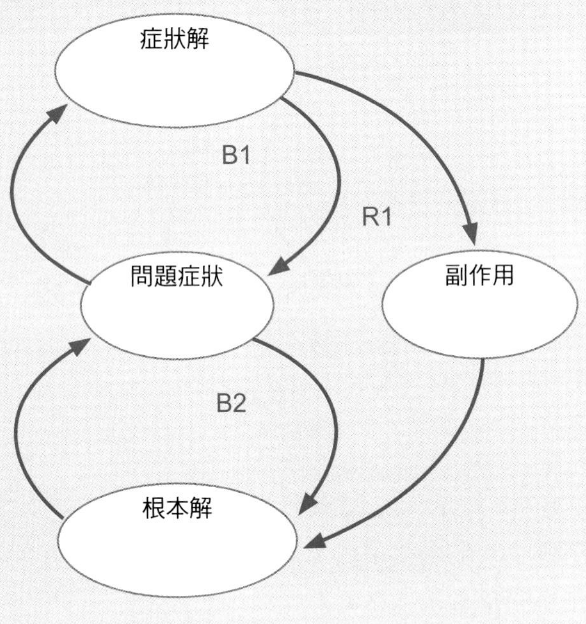

基模二「捨本逐末」習題

3-6-5 系統思考基模三：成功的極限（Limits to Success）

（一）沒有無止境的成長

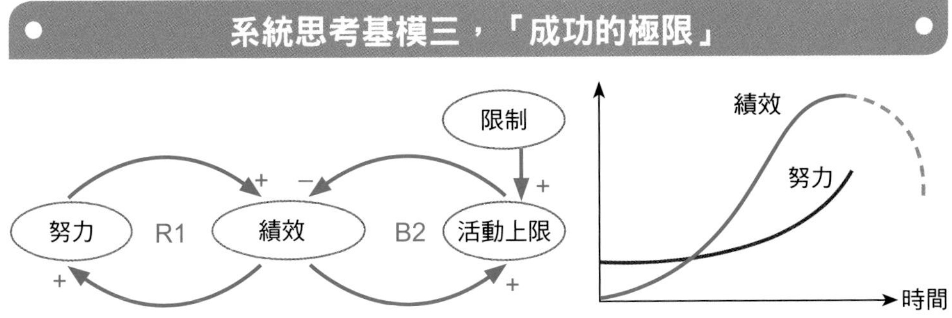

我們都有經過努力取得績效和成果的經驗，但一定時間之後，同樣的努力再也取不到同樣的績效，雖然經濟學稱此為邊際效率下降，但我們還是不知道為什麼會邊際效率下降。系統思考教我們如何分析，請看上圖左，這是一個努力與績效的增強回饋環，越努力越有績效，越有績效越努力。圖右是一個限制績效的調節回饋環，限制越多績效越差，績效越高限制越多。回饋環外有一個懸掛變量叫「限制」，限制是一個外在因素，可能是一種自然資源的極限，也可能是一種能力的極限。系統思考基模三提醒世人，世界上沒有無限成功的事，所有的成功都是受到主觀或客觀資源限制的，成功不可能無限；要想成功長長久久，就需要對限制成長的內外環境瞭若指掌。我們先舉一個銷售的例子。

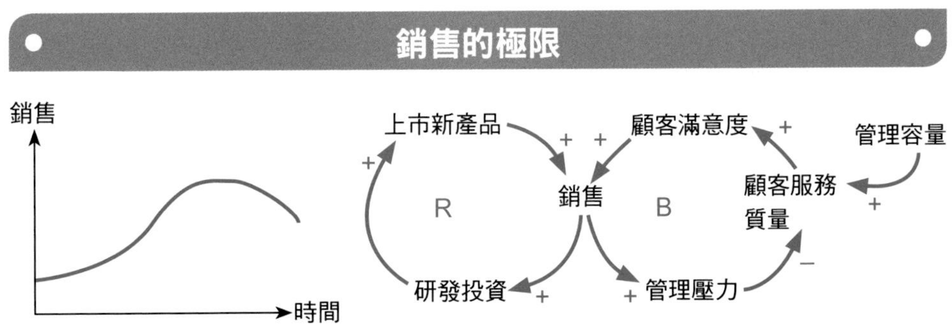

銷售的甜頭經營者經常嘗到，可是如果你不知道極限就會嘗到苦頭。請看上圖右的環路 B，所有產品的銷售受到服務品質和顧客滿意度限制，它並不會隨你的銷售規模而放大，比如市場的真實規模是 1,000 件商品，請注意，隨著銷售擴大，買過的人越來越多，潛在的還沒有買過的客戶逐漸減少，此時銷售的擴大完全仰仗新產品上市，而新產品的增加依靠研發投資。可見事情的成功，夾在努力和限制之間，它是一條 S 曲線，由少而多到最後飽和。

（二）川普吹牛，洗腦口號的極限

「讓美國再次強大」（MAGA, Make America Great Again）這個口號為川普贏得 2016 年美國總統選舉。其實這個口號不是川普發明的，1980 年雷根、1992 年柯林頓競選總統時，都用過 MAGA。

川普的「讓美國再次強大」的口號能流行多久？我們從基模三「成功的極限」的原理來討論。首先我們看看「讓美國再次強大」長的是什麼樣子。利用 Google Trend 看到了它的單峰模樣。

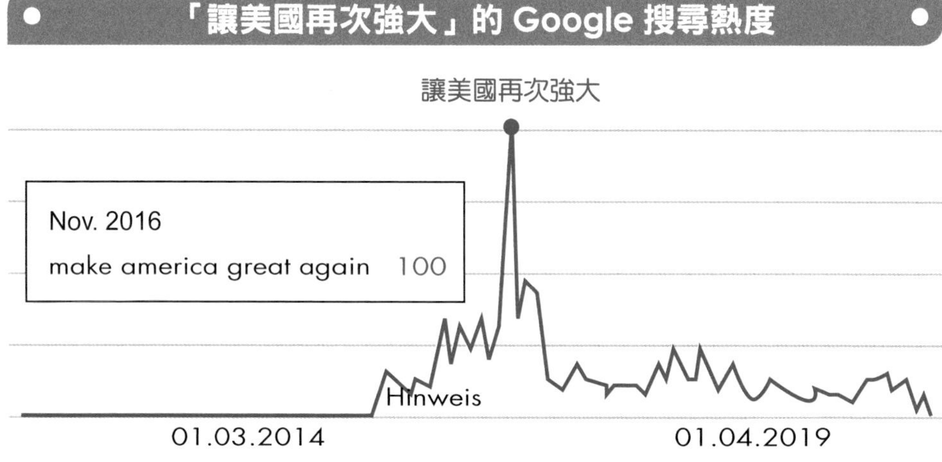

2004 年搜尋引擎 Google 推出 Google Trend 服務，上圖是美國人對「讓美國再次強大」的 Google 搜尋熱度變化，這是一條鐘型曲線，始於 2016 年終於 2020 年，曲線的高峰出現在 2016 年 11 月美國總統選舉的投票月，自此以後一蹶不振，這個口號再也沒有偉大起來。很多政客對川普 2020 年連任有著過高期待，以為川普會常勝，紛紛押寶，結果都錯了。下圖解析「讓美國再次強大」洗腦口號的極限。它由兩個回饋環共同作用，左圖的增強環 R1 説明，川普的競選活動越多，這個口號出現的機會就越多，這是增強的趨勢，可是下圖右的調節環 B2 説明另一股力量，當社群媒體與線上的川普粉絲越接近全部粉絲總數時，這個洗腦口號的強度便下降並直到零，川普粉絲總數就是「讓美國再次強大」口號的極限。

「讓美國再次強大」的極限

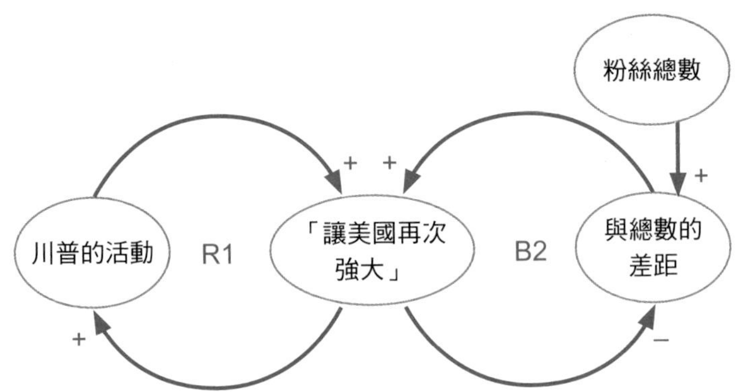

（三）一個優秀公司的倒閉

聰明的老闆有兩個馬達，一個馬達生財，一個馬達突破管理的限制。iMagePhone 是第一個生產視訊電話的公司，公司創辦初期十分重視產品線的技術改進和創新的高科技投資，因此公司績效快速成長，不久這個公司便以生產高品質和各種用途的視訊電話而世界聞名，用戶接踵而至，從商務會議用戶到多種遠端服務用戶以及家庭用戶皆有。隨後由於視訊電話與電腦介面和無線技術配套，銷量更是飛速增長，iMagePhone 公司的生財馬達馬力十足。

管理的限制

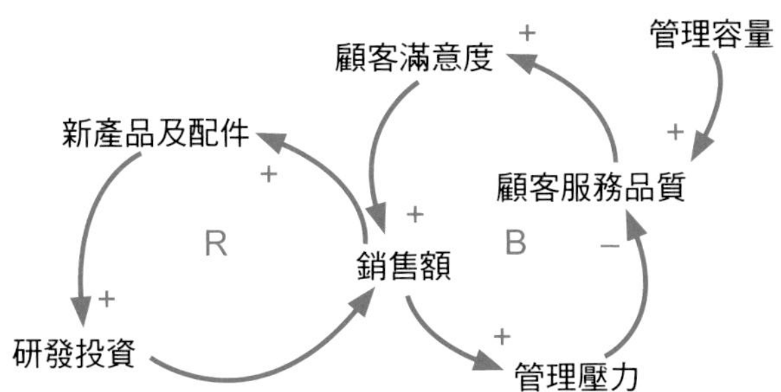

可惜公司領導者缺少強大容量的管理馬達，以突破銷售成長的種種限制因素，結果隨著銷售額和產品數量的增加，財務規劃、市場行銷、銷售人員培訓、零售網路、採購、人力資源等六項職能管理，紕漏越來越多，各種看似小的問題卻直接影響了零售發展，諸如不能即時處理客戶使用的疑難雜症、產品盒缺少插頭和附件、產品到達零售商的時間遲延等等。

公司的潰敗從零售網路的鬆動開始，許多零售商因無法面對客戶而紛紛退出市場，公司的銷售額一夜之間直線下滑，接著財務出現難以為繼的困難，管理團隊除了減少投資外別無選擇，最終因喪失競爭力而關門大吉。多麼諷刺，一個以創新和高競爭力起家的公司，最後反而因缺乏競爭能力而退出市場，請問這是誰的過失？

（四）酒店管理的授權限制

通常酒店管理者認為，給予員工滿足客人要求和投訴的權力，會增強顧客的忠誠度，不過隨著授權的進展，管理層是否繼續願意授予權利，常常引起爭議，因為授權的限制挫傷了員工的積極性，並削弱了員工取悅客人的能力，顧客的忠誠度開始受到影響，最後影響到酒店的收入。

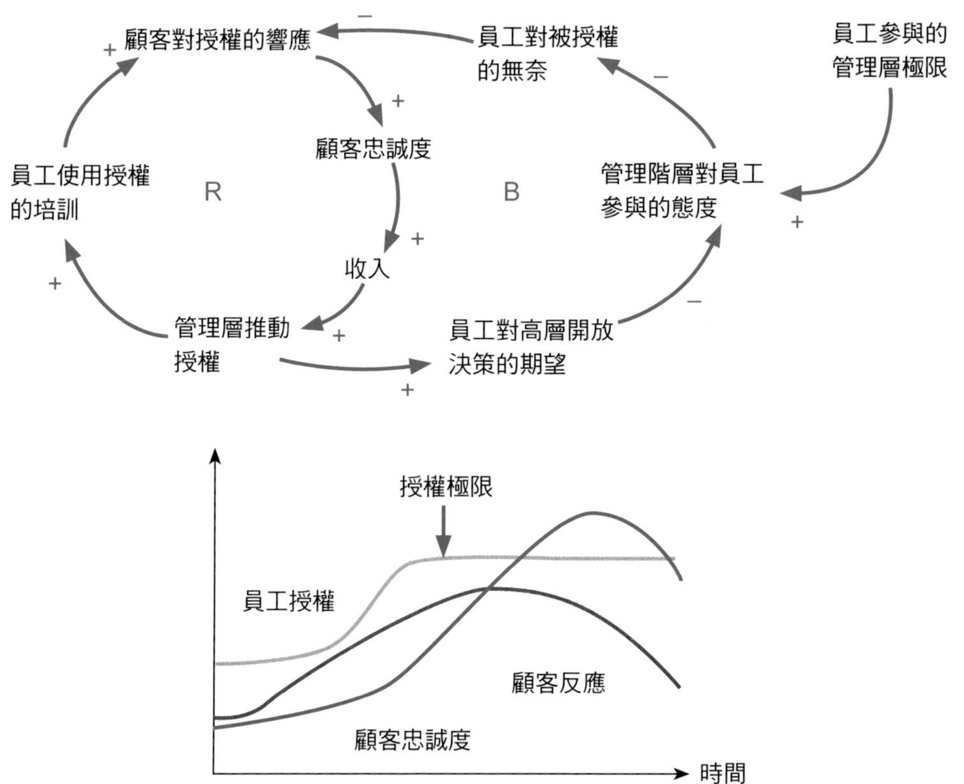

請看上方管理權限圖，共有兩個回饋環，左圖是一個增強環 R，共有五個變量；圖的右邊是一個調節環 B，共有七個變量，其中有四個與左側的 R 環共有。在 R 環和 B 環共同作用下，關鍵變量如員工授權、顧客反應和顧客忠誠度的行為曲線如圖下方所示。我們看到由於授權之限制，最終酒店並未享受到顧客反應和顧客忠誠度的高峰，除非放棄限制。請注意，顧客反應和顧客忠誠度的高峰值均出現在授權曲線的後方。

（五）為什麼生意很好，公司還是會被合併？

美國人民航空 People Express 是 1980 年代一家廉價航空公司，該公司機隊以靜音和低票價兩大口碑吸引了許多乘客。雖然董事長創造了許多新的管理手段，但乘客需求發展太快，服務終究還是跟不上，乘客最終快速流失。請看下圖，雖然調節環 R2 是一個增強環，但與它連接的均衡環 B 說明服務品質不合旅客發展要求。儘管公司不斷培訓人員，由於時間的滯後，服務品質始終沒有跟上旅客的成長（旅客的需求），1986 年 9 月，人民航空被德克薩斯州的一家航空公司接手，當年前半年公司虧損高達 1.33 億美元。

服務滯後旅客成長（旅客的需求）

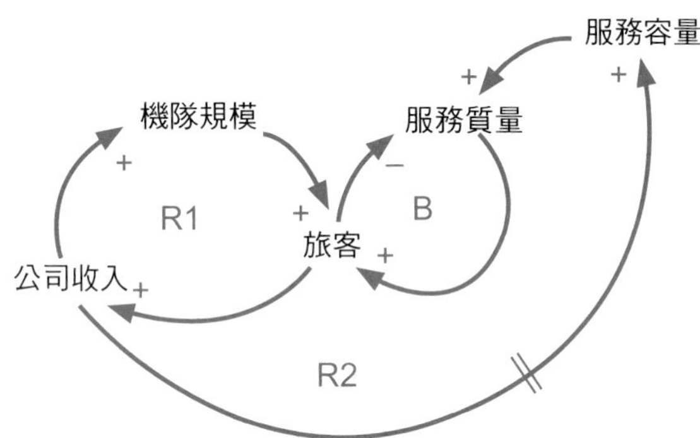

（六）為什麼減重那麼難？

前面的例子幾乎都是成長鬥不過限制，本例相反，講的是限制鬥不過成長。故事很簡單，解釋很複雜。人的體重由兩方面的鬥爭所決定，體重一方面由飲食推動增加，另一方面則是透過運動燃燒卡路里而減小。節食者通常會發現，減掉前 5 公斤要比減掉最後 1 公斤容易得多，或者說開始減重比繼續減重容易得多。

減重何其難

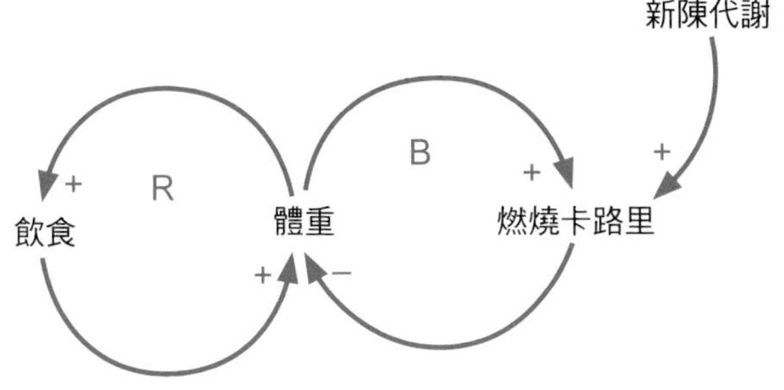

讓我們看上圖關於減重的兩個回饋環，左圖是一個增強回饋，體重越大飲食越多，飲食越多體重越大。右圖的迴路是調節型的，體重越大能夠燃燒的卡路里越多，燃燒的卡路里越多體重越小。隨著時間的流逝，人體將透過減少燃燒卡路里的效率以適應食物攝取量的減少。最終體重減輕的過程全停止，這種極限狀態出現在人體的新陳代謝率與燃燒食物熱量的速度相等時，為了繼續減輕體重，此時需要透過運動與節食相結合的方法來提高新陳代謝率。但絕非只要運動就好，因為劇烈運動會消耗簡單的糖分而不是脂肪，與減肥的目標背道而馳；劇烈運動雖然能短暫提供新陳代謝率，卻也更刺激食慾。幫助減肥的真正槓桿是平穩運動，例如健行、長時間的快步行動，這將使代謝率提高到長時間的高水準。

（七）傳染病的隔離

系統基模三的結構也適合用於解讀傳染病和森林火災的隔離措施。2020 年新冠肺炎 COVID-19 肆虐全球，許多國家利用封城的手段阻斷疾病傳染，請見下圖。

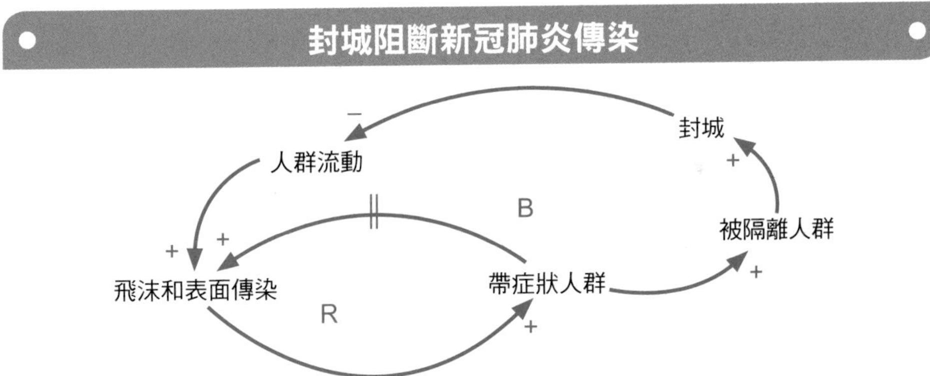

圖中的增強回饋環 R 是新冠肺炎感染人群擴大的傳染機制，當被感染的帶症狀人群增加，傳染病菌的飛沫和其他表面傳染源增大，接著它們再進一步製造出更多的帶症狀人群。圖中的平衡回饋環 B 是抑制傳染的，或者說，傳染成長的限制因素。帶症狀的人群越多，被隔離的人群便越多，封城的機會和規模也越大；封城措施之後，人群流動減少，因此傳染的機會便減少，封城是限制傳染的不得已的重要手段。

（八）系統思考基模三：「成功的極限」的作業

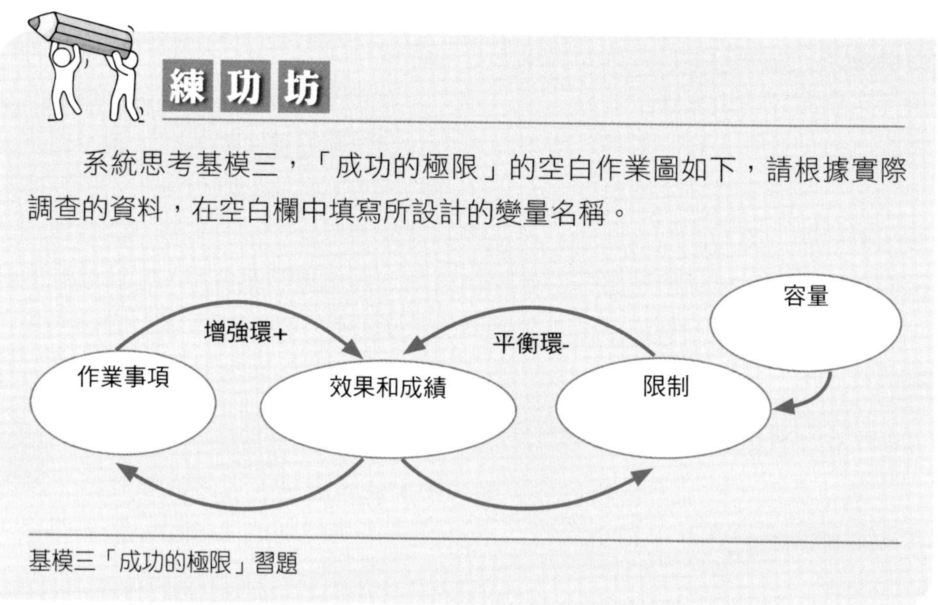

基模三「成功的極限」習題

3-6-6　系統思考基模四：「目標侵蝕」（Drifting Goals）

（一）溫水煮青蛙，不知不覺的事

無論個人或公司組織都有目標規劃，有的目標十分正規，有的目標彼此默契心照不宣。不管規劃的目標是明是暗，一旦目標和現狀出現距離，就有兩條路徑，一條路是下策：降低目標，另一條路是上策：加大改善力度，兩種情況，一種結果，原來的目標皆受到「侵蝕」，如下圖。

系統思考基模四，「目標侵蝕」

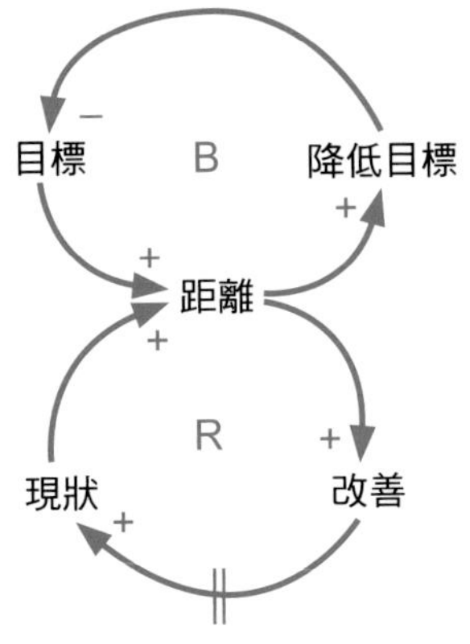

目標侵蝕有兩個回饋環，請看上面的調節環B，當目標與現況的差距越大，降低目標的壓力越大，於是目標就會越降越低。再請看下面的增強環R，當目標與現況的差距加大，改善的壓力也在加大，經過一定遲延後現狀將有所改善。儘管這兩個回饋環同時存在相同動作，不過由於人性偏愛省力，調低目標比較不費力，於是目標逐漸侵蝕。有句諺語說「溫水煮青蛙」，表示如果你把一隻青蛙放進一鍋沸水裡，牠會跳出來；但如果你把牠放進一鍋冷水中慢慢地加熱，青蛙會一直待在鍋裡直到被煮死，因為青蛙無法察覺溫度的逐漸變化。「溫水煮青蛙」描述了一種情景，一種對狀態或期望下降失去感知的情景，這是十分可怕的麻木。

（二）修改目標司空見慣

為了提高辦事的效率，目標常被修正，例如軟體作業的測試覆蓋率目標，如下圖由平衡環 B1 和平衡環 B2 組成。當軟體測試的覆蓋率過高時，可在平衡環下 B1 的路徑上降低測試覆蓋率，原定的目標就有被迫下降的壓力；或是在平衡環 B2 的路徑上改善測試技術而縮小與目標的差距。如果修正後的目標不影響其他經營指標，這樣的目標調整是可以接受的，在目標漂移的情況下，應區分合理的調整和真正的侵蝕。

軟體測試的目標修正

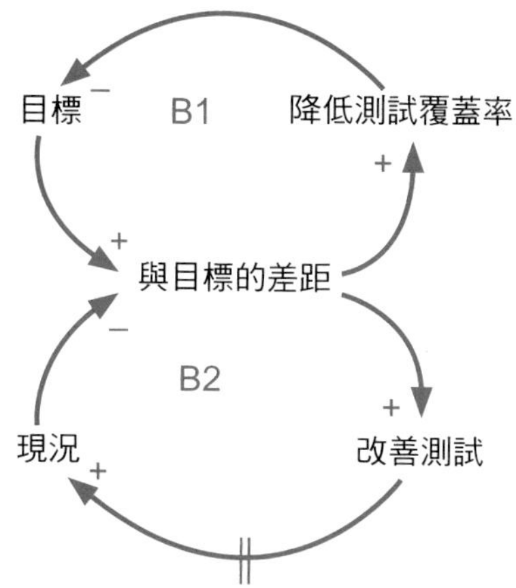

（三）修改目標，常是政治協商的工具

降低目標常常是一種政治手段，例如國會對政府預算赤字的修正。請看下方的赤字目標漂移圖，並把焦點集中在「距離」這個變量上，所謂距離是指最高的可接受赤字和實際發生值的差值。變量「距離」在三個回饋環的通路上，當赤字與最高赤字的距離加大時，縮小它有兩個做法，一是透過平衡環 B3 加大稅收，另一個是透過平衡環 B2 削減政府開支。決定目標赤字漂移的最後力量是修正法案，它允許原定的最高赤字向上移動。檢討實際赤字與最高赤字的目的在於尋求稅收和政府開支的合理平衡，最後卻變成了政客們討價還價的交易手段。

預算赤字的目標漂移

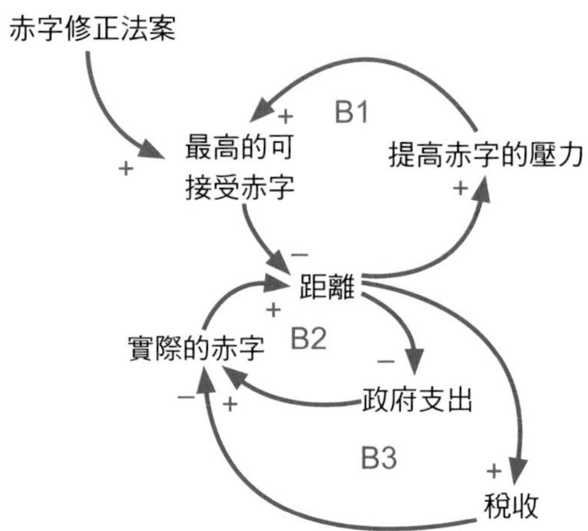

（四）競爭促使目標向上移動

在一個開放的競爭市場裡，某個企業產品的品質目標不僅受這個的企業內部影響，也受競爭者的產品品質影響，請看下方的企業目標上移圖，這張圖除了有回饋環 B1 和回饋環 B2 之外，還有一個反應競爭者品質的回饋環 R1，它不是平衡環，而是增強環。此外在環 R2 的鏈條中，我們從變量「差距」開始，按著順時鐘方向觀察；當產品的實際品質與品質目標的差距加大，改善品質的壓力加大，經過一定遲延，產品的實際品質提高，顧客期望的品質提高，最後導致品質目標提高，這就是競爭促使產品目標隨市場競爭力提高而上升的過程。

競爭促使企業目標向上移動

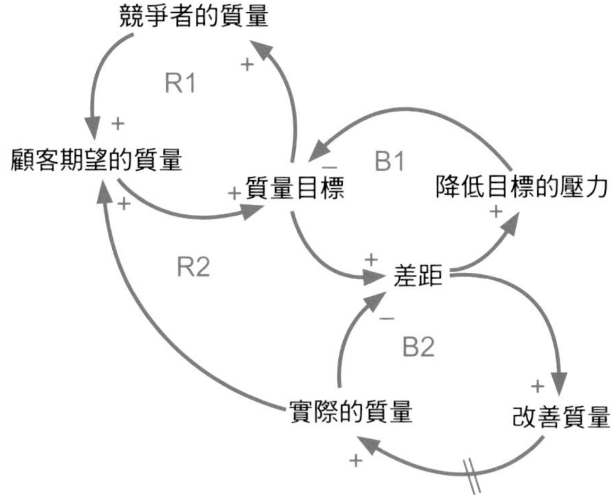

（五）系統思考基模四：「目標侵蝕」的作業

練功坊

系統思考基模四，「目標侵蝕」的空白作業圖如下，請根據實際調查的資料，在空白欄中填寫所設計的變量名稱。

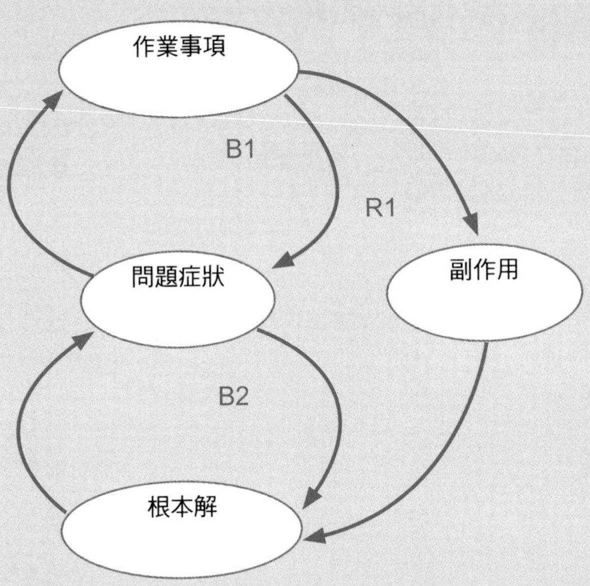

基模四「目標侵蝕」習題

3-6-7 系統思考基模五：「共同悲劇」（The Tragedy of the Commons）

（一）共有財悲歌

生態學家加勒特．哈丁

這個字起源於英國作家威廉．佛司特．洛伊在 1833 年《討論人口》的著作中所使用的比喻，1968 年美國《科學》雜誌上，生態學家加勒特．哈丁（Garrett Hardin）就「共同悲劇」（The Tragedy of the

Commons）發表論文，他陳述了一個故事：公共草地上有一群牧羊人，每個牧羊人都想要多獲利一些，有一天某個牧羊人帶了大量的羊來放牧，他獲利了，而後所有的牧羊人都跟進，一開始大家歡欣鼓舞地分享了免費的牧場而賺到很好的回報。可惜好景不常，之後的收益開始慢慢減少，於是大家加倍努力，結果收益也未增加，最終發現牧場資源已經完全耗盡，大家共同經歷了這場「公有地」的悲劇。

系統思考基模五，「共同悲劇」

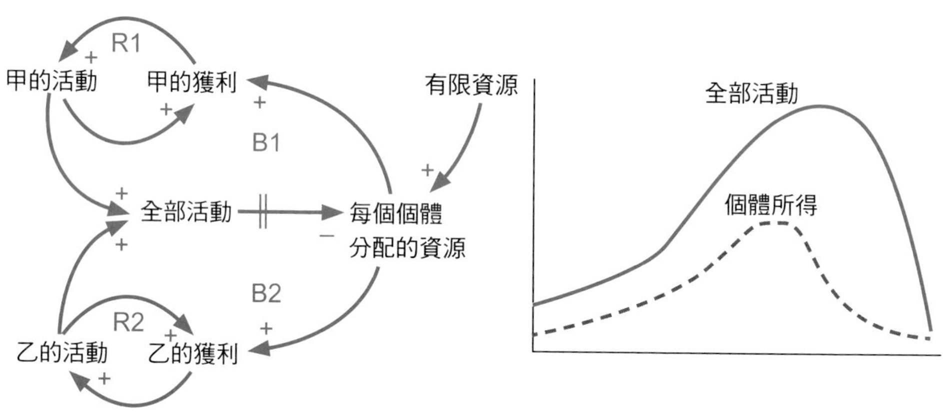

共同悲劇的基模共有四個回饋環、兩個加強環（R1 和 R2），以及兩個調節環（B1 和 B2）。就個體而言，無論甲、乙的獲利都是增長的，可是就整體而言，因為總資源是有限的，個體分配的資源也有限，最終個體的獲利由盛而衰。悲劇的發生基於以下幾個長期的認知：第一，人類花了很長的時間才弄懂一件事，自然和機械一樣，使用過程中也會「磨損」，所以自然也是需要「維修」的。第二，草雖然是可以再生的資源，但要牧場可持續發展，必須滿足牧場的復原速度大於消耗的速度。第三，人性十分可議，對公家及自然資源能用則用、能占則占，毫無興趣關心。當牧場的消耗速度大於牧場的復原速度，當所有人只掃自家門前雪時，牧場資源便很快耗竭。上方共同悲劇右圖的兩條曲線便是牧場和個體所得的行為曲線，起初緩慢發展，到一定高度後不斷下降。

本書作者關於系統基模「共同悲劇」在報刊的評論

過度依賴 水之罪的共同悲劇

2021-03-16 04:27 聯合報／陶在樸／陸委會前諮詢委員（桃園市）

一九六八年美國生態學家加勒特・哈丁在《科學》期刊上發表「共同的悲劇」，說的是一望無際的免費牧場牧草耗竭的悲慘故事。廿二年後的一九九〇年管理學家彼得・聖吉出版轟動一時的《第五項修練》，在這本巨著中「共同的悲劇」被列為系統思考的一種重要模式，聖吉告誡管理者耿耿於懷。

（二）地下水抽取的共同悲劇

牧場的共同悲劇更發生在礦產、石油、天然氣等非再生資源，也發生在公共交通、汙染和氣候變遷等與個人利益有衝突的領域。我們來看看，所有國家都可能碰到的地下水抽取問題，下圖是地下水抽取的共同悲劇。

地下水抽取的共同悲劇

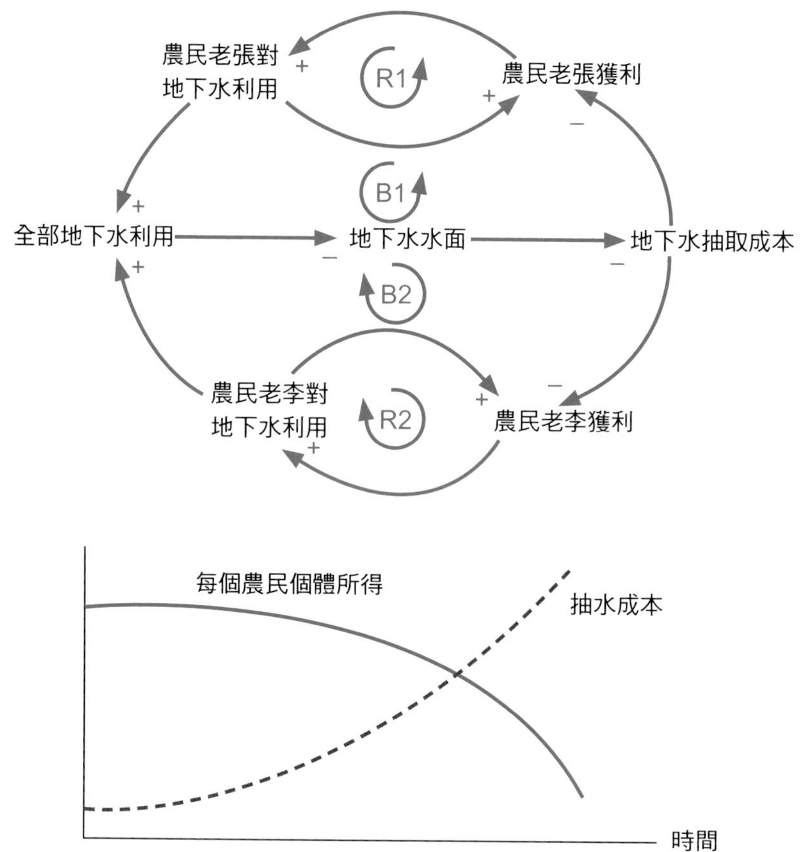

共同悲劇圖有四個回饋環，請看環 R1，農民老張因抽取地下水而得利，便不斷抽水。與此相仿的另一個加強環 R2，農民老李因抽取地下水而得利，也因此便不斷抽水。因老張、老李不斷抽水，天長日久後地下水位下降，雖然引起了種種危及居民安全的地面下沉，但其仍然不會中斷抽水，直到抽水的成本超過抽水的所得，即圖的下方曲線的交點，至整個系統崩壞為止。

（三）海洋漁獲的共同悲劇

無論是全球或個別國家漁獲危機均已難免，請看下圖。當魚群的再生產速度一定時，總捕獲量越大，下一次可能的捕獲量就越小；由於人類長期過度捕撈，魚類的再生速度已不能補償捕獲量，然而每個捕魚單位的活動仍舊一如故往地撒網再撒網，結果如公用地悲劇的預言，海洋漁產業的世紀大崩潰到來。

漁獲危機

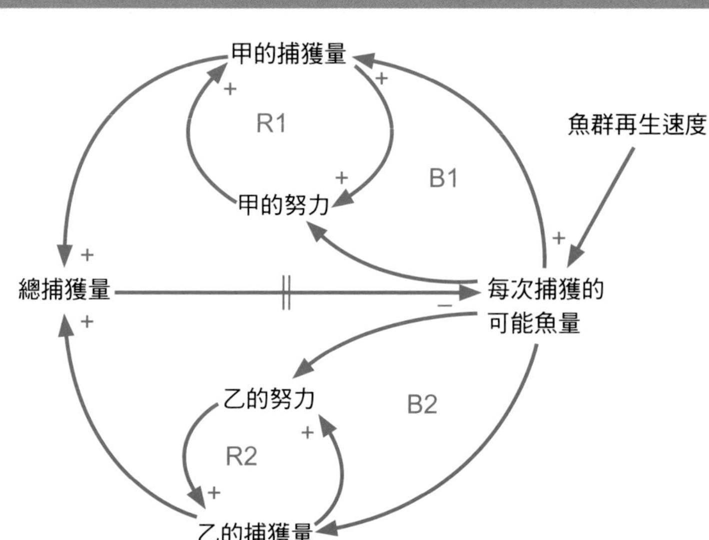

（四）系統思考基模五：「共同悲劇」的作業

系統思考基模五，「共同悲劇」的空白作業圖如下，請你在每個變量標題下填寫你的變量名稱，然後按照回饋環的結構介紹你的故事並描繪系統的行為曲線。

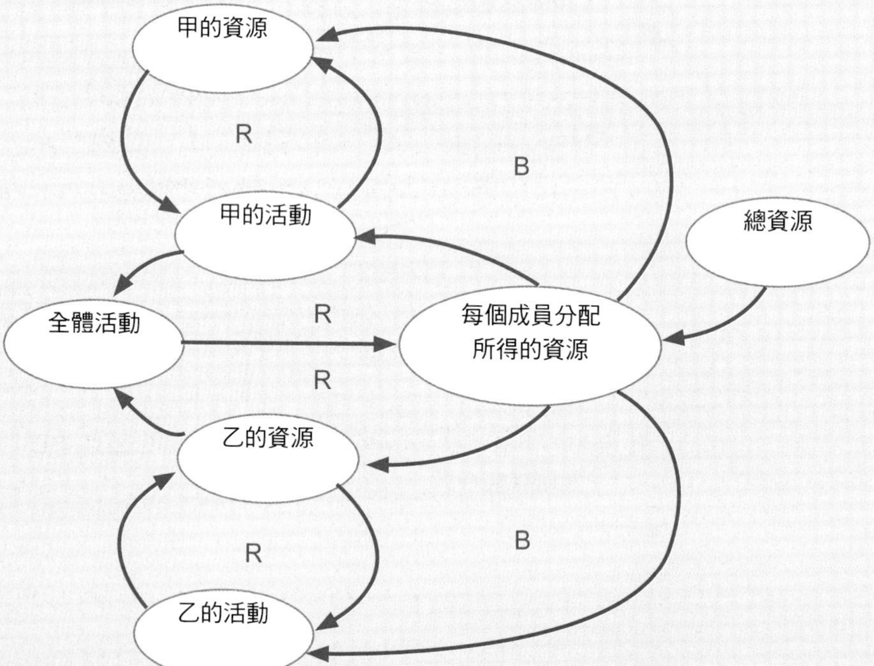

甲的資源
R
B
甲的活動
總資源
全體活動
R
每個成員分配所得的資源
R
乙的資源
R
B
乙的活動

基模五「共同悲劇」習題

3-6-8 系統思考基模六：「勝者恆勝」（Success to Successful）

（一）為什麼勝者恆勝？

在一個複雜的競爭環境中，當一個人或一件事因緣際會，這個人或這件事就有可能一路勝下去。不要去懷疑競爭不公平，而是機會不相同。大家也許知道 20/80 原則，這原則說明，世界上沒有完全一樣的事，沒有什麼平均的事，只有 20% 的人取得了 80% 的成功這樣的事，只有 20% 的人占有了 80% 財富這樣的事。

讓我們舉幾個有趣的例子說明勝者如何恆勝，第一個故事是鐘錶指針向左還是向右。一開始發明鐘錶時，指針向右（所謂順時鐘）或向左（所謂逆時鐘）都是一樣的，為什麼現在只有順時鐘？車輛的行駛也相仿，一開始有汽車時既可以向右行駛也可以向左行駛，為什麼大多數國家現在的制度是向右行駛？

（二）為什麼電腦鍵盤「快蹄鍵盤」勝出？

一個更加有趣的故事是電腦鍵盤的字母順序，現在的排列法叫「快蹄鍵盤」，QWERTY 六個字母是鍵盤第一列的開始。這種鍵盤的排列方式是從過去的打字機鍵盤沿襲下來的，由 1867 年美國人 Christopher Latham Scholes 所發明，QWERTY 鍵盤的指法速度並不快，但不容易卡字。指法動作最快的字母排列是在 1936 年由美國人 August Dvorak 發明，故稱作 Dvorak 鍵盤。根據金氏世界紀錄，2005 年打字員在 Dvorak 鍵盤上連續打字 50 分鐘，平均每分鐘 150 個詞，至少比快蹄鍵盤縮短三分之一的打字時間。電腦打字和打字機打字不同，它不存在打字機字母竿的卡竿問題，那麼很奇怪，為什麼打字機的快蹄鍵盤仍獨占電腦鍵盤市場？

QWERTY 鍵盤

Dvorak 鍵位

系統思考基模六，「勝者恆勝」

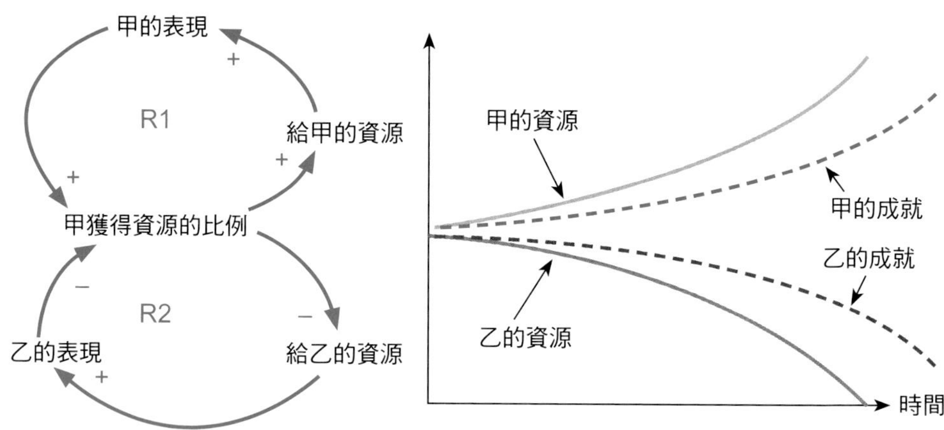

上圖是勝者恆勝的回饋環結構，其實很簡單，它由兩個運動方向朝反向的加強環組成，我們來看上面的甲，他獲得的資源由初始態決定，他利用獲得的資源努力表現，再取得一定比例的資源、再努力、再獲得，如此循環壯大。另一方面，下面環路中的乙，他所得到的資源是甲的相對剩餘部分，只要這個比例較小，乙的表現就不如甲，如此循環下乙的資源越來越少，表現越來越差，在競爭中敗陣。圖右側是甲和乙的行為曲線，甲的資源逐漸增多，成就逐漸變大；相反地，乙的資源逐漸變少，成就逐漸變弱。

QWERTY 鍵盤勝出

Dvorak 鍵盤數量
QWERTY 鍵盤數量
R2
R1
Dvorak 鍵盤優勢
市場上QWERTY 鍵盤比例
QWERTY 鍵盤優勢

上圖是兩種打字鍵盤的競爭結構圖，只要一開始市場上 QWERTY 鍵盤的比例高於 Dvorak 鍵盤，最後前者即成為市場的獨占者。

（三）新冠肺炎疫苗購買的勝者恆勝

《路透社》報導，據非盈利組織人民疫苗聯盟（People's Vaccine Alliance）統計，截至 2021 年 2 月 19 日，世界人口 16% 的富裕國家購買了全球 70% 的疫苗。台灣雖然列入已開發富裕國家，由於早年退出聯合國失去會員國資格，也就失去購買新冠肺炎疫苗的優勢，截止 2021 年 2 月下旬許多國家已經施打疫苗，但台灣還沒有真正買到任何疫苗。台灣購買疫苗失利的回饋環分析如下圖。

台灣購買疫苗的失利

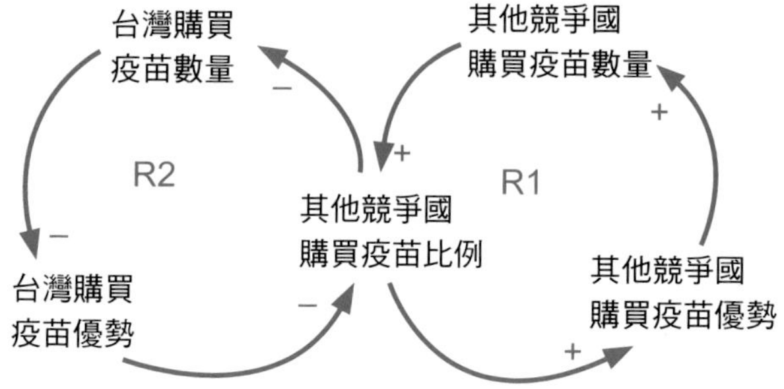

（四）系統思考基模六：「勝者恆勝」的作業

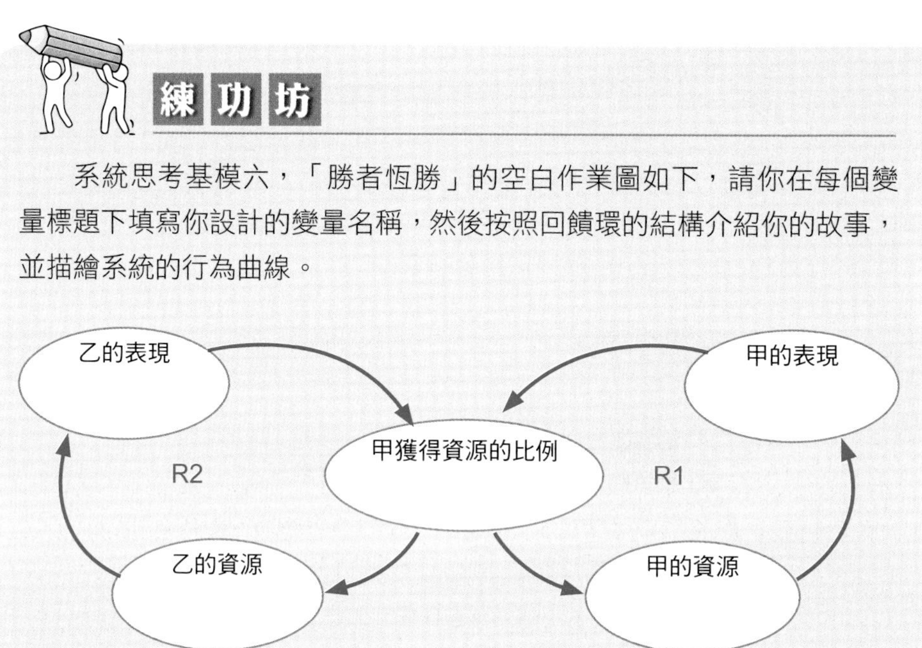

基模六「勝者恆勝」習題

3-6-9 系統思考基模七：「惡性競爭」

（一）兩敗俱傷

惡性競爭是社會經濟發展中常見的現象，下圖說明惡性競爭的回饋環結構，它由兩個調節環組成。比如有兩個競爭對象張三和李四，如果張三的地位相對高，這將構成對李四的威脅，於是李四採用行動來提高他的地位；當李四的相對地位提高，這又構成對張三的威脅，於是張三採用行動來提高他的地位。雙方如此行動升級，越鬥越劇烈。

系統思考基模七，「惡性競爭」

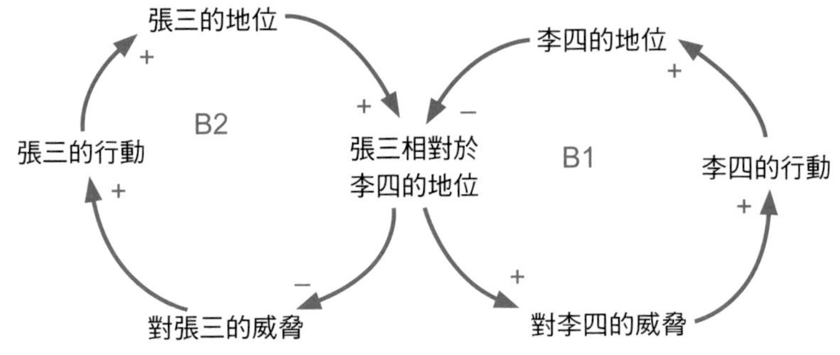

（二）中美對抗，惡性競爭

美國第 45 任總統川普（Donald John Trump）執政後，中美兩個大國的關係迅速惡化，美國視中國崛起為威脅，以公平貿易為口號對中國進行多種貿易制裁，例如 2018 年 7 月 6 日，美國對價值 340 億美元的中國輸美商品徵收 25% 的額外關稅。中國商務部同日做出反制措施，對價值 340 億美元的美國輸華商品徵收 25% 的額外關稅。川普執政 4 年，有人估計中美關係倒退 40 年，彼此冤冤相報其實兩敗俱傷。下圖左側説明中美惡性對抗的回饋環結構，右側的圖説明中美兩國鬥爭手段的不斷升級。

中美對抗惡性循環

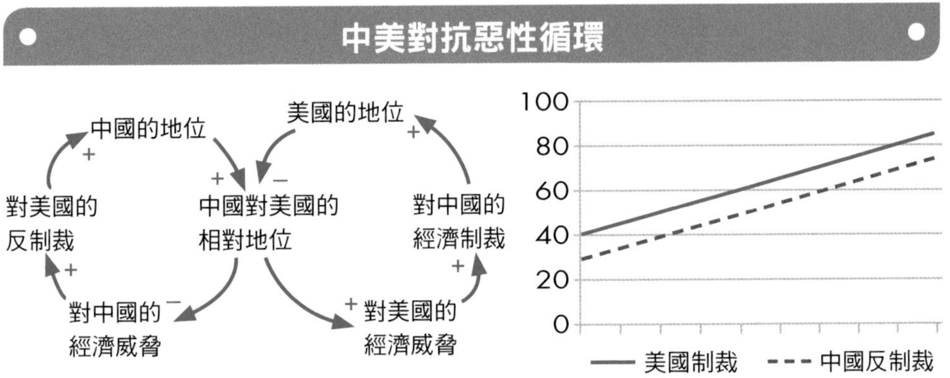

（三）價格戰爭

公司競爭中的價格戰也是刀刀見血的惡性循環，本世紀初美國 Cosmic

Chapter 3 彼得・聖吉的系統基模

和 Universal 航空公司的票價大戰尤其驚人。Cosmic 首先降價以增加市場份額（見下圖），果然 Cosmic 的銷售增加了，因此相對於 Universal 的市場份額也增加了；Universal 感受到 Cosmic 降價和明顯成功的威脅，於是以其道還治其身，也降價作為回應，雙方如此幾個回合，直到顧客不再對進一步的削價做出反應。

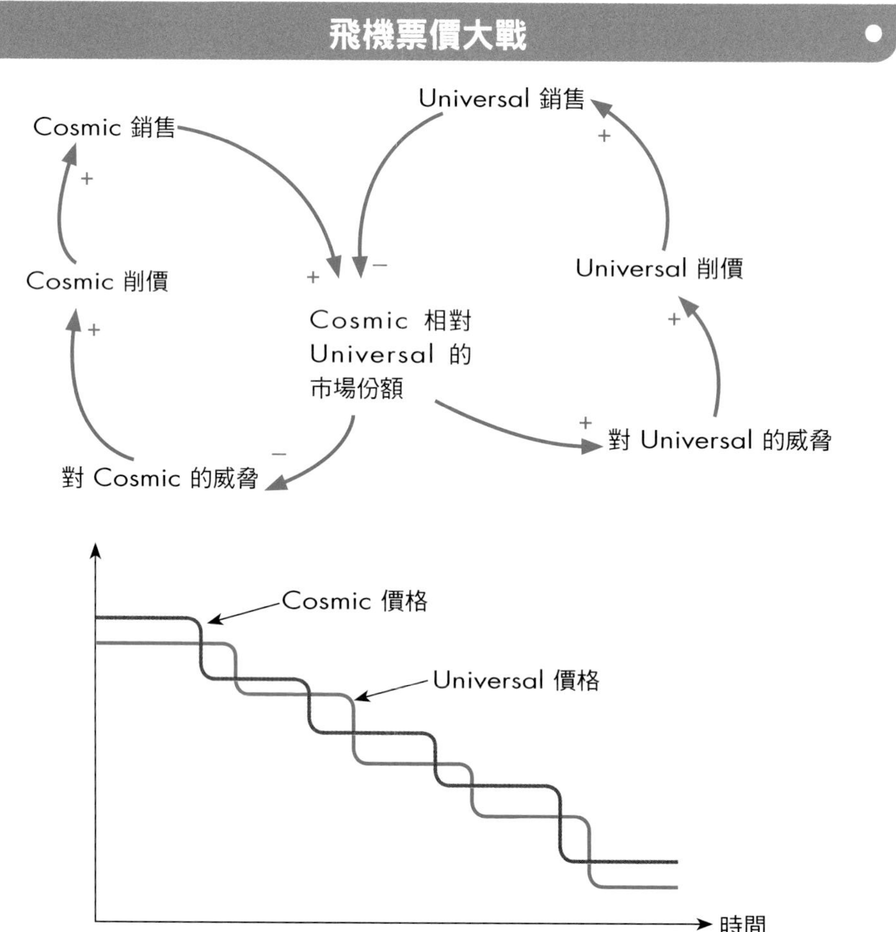

（四）靈活的變換，雙環變單環

為了方便理解，常常可以把經典的結構做一些等價的轉換，例如惡性競爭的是兩個均衡環並列，我們可以把它變化為一個更簡單的單環，不過這個單環變成了增強環，如下圖。請仔細比較，雙環圖共有七個變量，而單環圖卻有八個變量。

單環表示的惡性競爭結構

（五）系統思考基模七：「惡性競爭」的作業

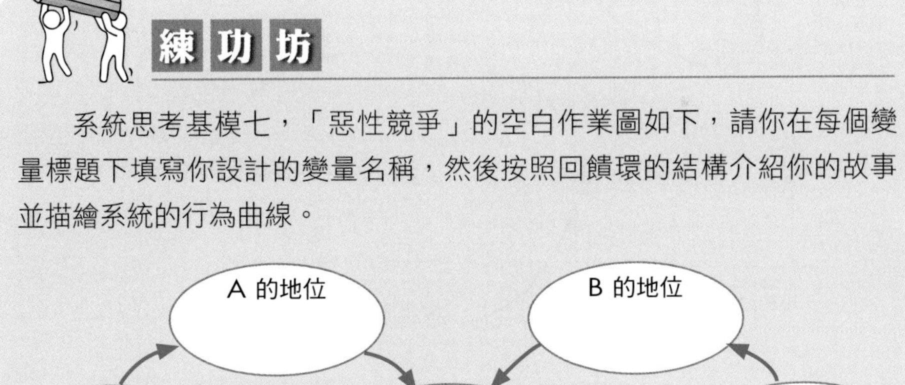

練功坊

系統思考基模七，「惡性競爭」的空白作業圖如下，請你在每個變量標題下填寫你設計的變量名稱，然後按照回饋環的結構介紹你的故事並描繪系統的行為曲線。

基模七「惡性競爭」習題

3-6-10 系統思考基模八：「成長與投資不足」（Growth and Underinvestment）

（一）需求不足的一體兩面

有一家名列財富 500 強的消費品公司（CPC），有一個他們決定停產而後走運的故事。有一年他們確信公司某項產品的未來市場即將進入瀕死階段，他們決定關閉工廠以加速這一不可避免的事情。就在這個關鍵的時刻，有一家日本製造商想要接管該產品線，並表示願與 CPC 建立策略聯盟。CPC 見機行事，條件是日本公司每年至少銷售 5,000 台產品。令他們大吃一驚的是，這家日本公司僅在第一年就售出了 15,000 多台。一模一樣的產品，在同一工廠生產，而且幾乎是同一群人操作，為什麼日本公司能做出 CPC 無法想像的績效呢？部分答案就在「成長與投資不足」的系統基模中。

系統思考基模八，「成長與投資不足」

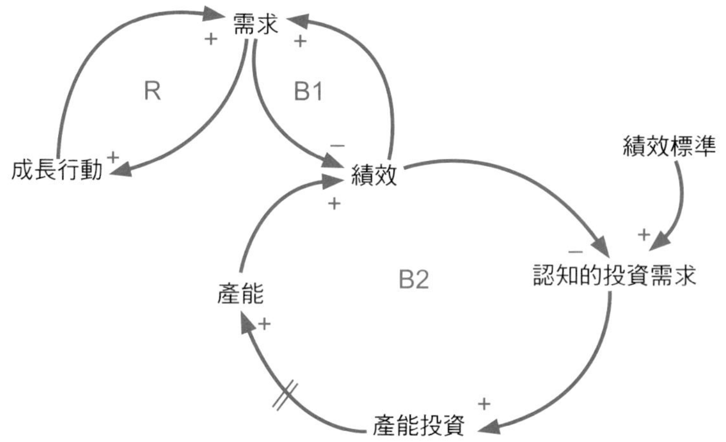

此基模共有三個回饋環，可以說它是基模三「成功的極限」的擴大版。請注意，「需求」同時跨越回饋環 R 和 B1，當需求看似凝固時，很難判斷究竟是市場給的訊號還是公司績效不足的結果，如果是後一種情況，公司應該立即投資「產能」以突破成長的上限再創未來。可是產能擴大是一個「慢變量」，而需求是一個「快變量」，如果投資不是在成長降低之前完成，一切均成過眼雲煙。然而大部分的做法是將目標或績效標準降低，來使投資不足「合理化」。對於那些需要快速增長而無法籌集額外資金的投創企業，「成長與投資不足」基模的應用尤其重要。對於他們來說，需要一個有遠見的投資計畫，包括日程和規模。

（二）披薩店的故事

有一家以送貨上門為服務的披薩店開業，最初生意一般，由於披薩的品質和送貨時間都很良好，回頭客開始多了起來。再過了一段時間，這家披薩店的名字出現在當地的美食網中，披薩的需求急劇上升。披薩店老闆意識到應該購買更大的披薩烤爐和擴大配送能力，可是他不願意，結果因為交貨時間長了、未熟的披薩餅皮比例增加，最終回頭客的數量掉了下來。然而，披薩店的老闆卻很高興他免掉了額外的投資。

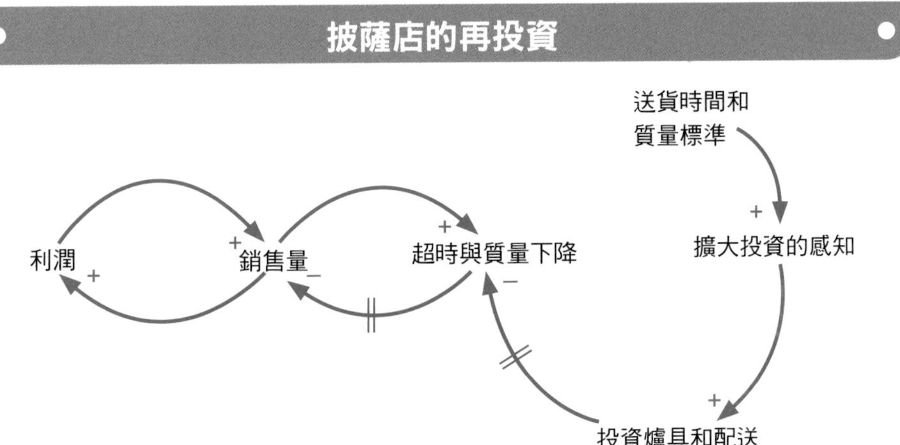

（三）系統思考基模八：「成長與投資不足」的作業

系統思考基模八，「成長與投資不足」的空白作業圖如下，請你在每個變量標題下填寫你設計的變量名稱，然後按照回饋環的結構介紹你的故事並描繪系統的行為曲線。

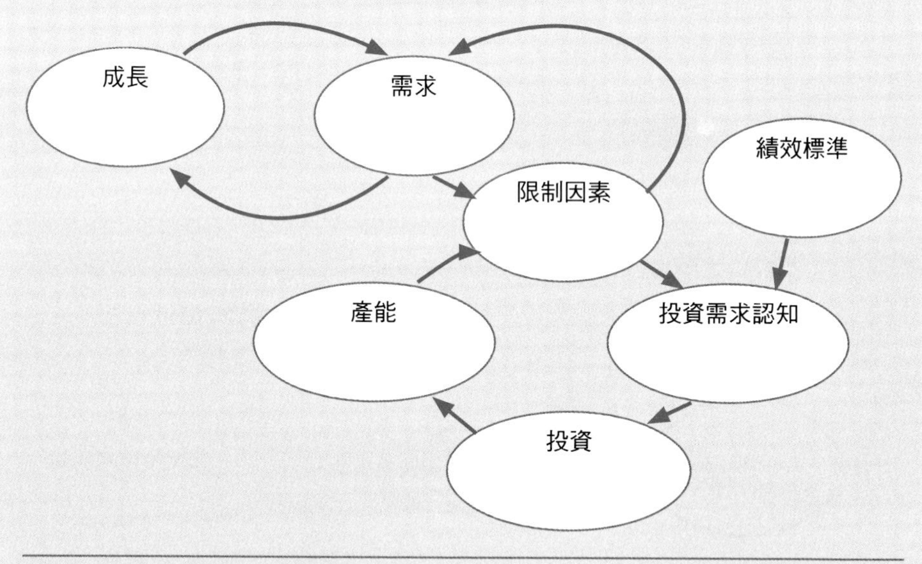

基模八「成長與投資不足」習題

3-7 系統思考基模範本

3-7-1 系統基模一覽

系統思考基模範本

結構	內容
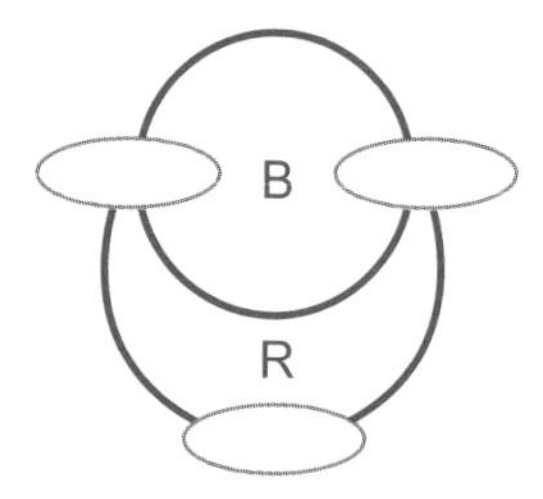	基模一「事與願違」 兩個上下的回饋環，上面是均衡環 B，下面是增強環 R，至少三個變量。
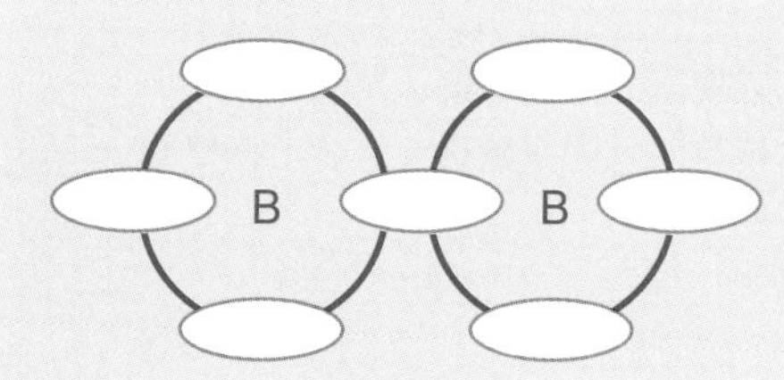	基模七「惡性競爭」 兩個並列的均衡環 B，至少七個變量。
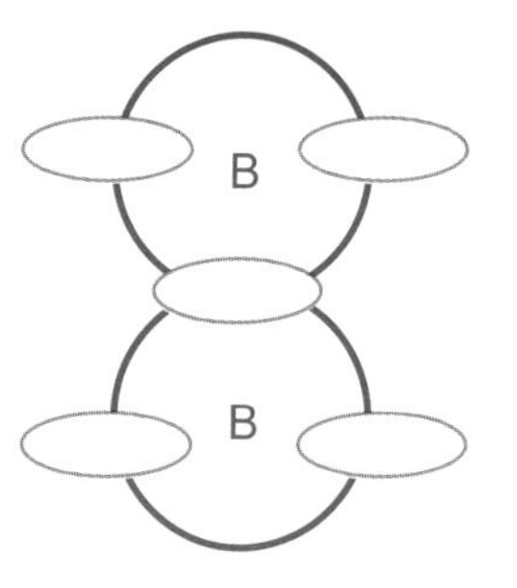	基模四「目標侵蝕」 兩個上下的均衡環 B，至少五個變量。
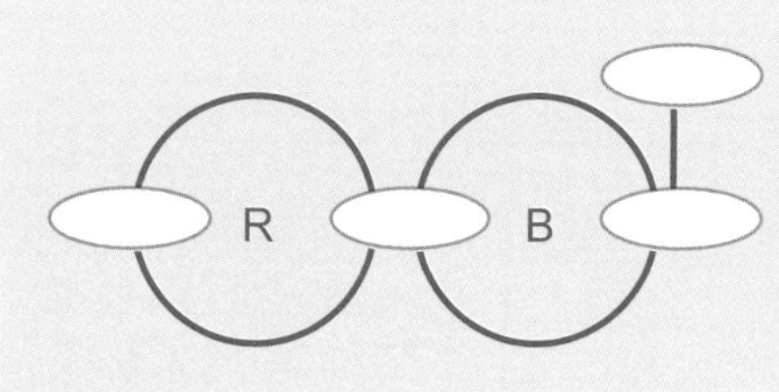	基模三「成功的極限」 兩個並列的回饋環，一個增強環 R，另一個均衡環 B，至少四個變量。

結構	內容
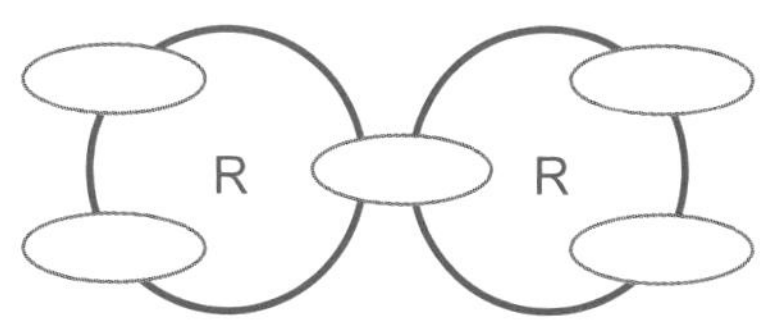	基模六「勝者恆勝」 兩個並列的增強環 R，至少五個變量。
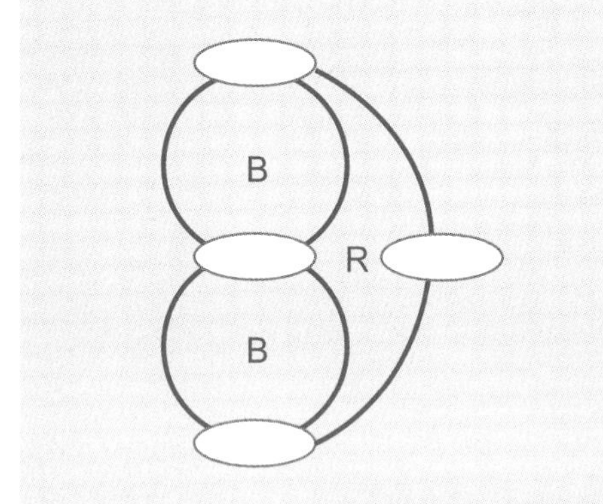	基模二「捨本逐末」 兩個上下的均衡環 B，附加一個連接環 R，至少四個變量。
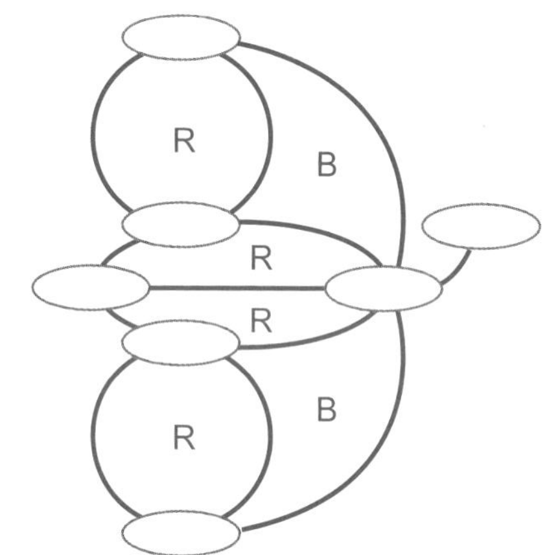	基模五「共同悲劇」 複雜的六個回饋環，至少七個變量。

3-8 應用軟體 Vensim 的使用

目前最常使用的系統動力學軟體是 Ventana Systems 公司出品的 Vensim，該版本支持中文輸入，免費下載。請連結 https://vensim.com/free-download/，進入上述 Vensim 網頁後，請點選產品 Vensim PLE。

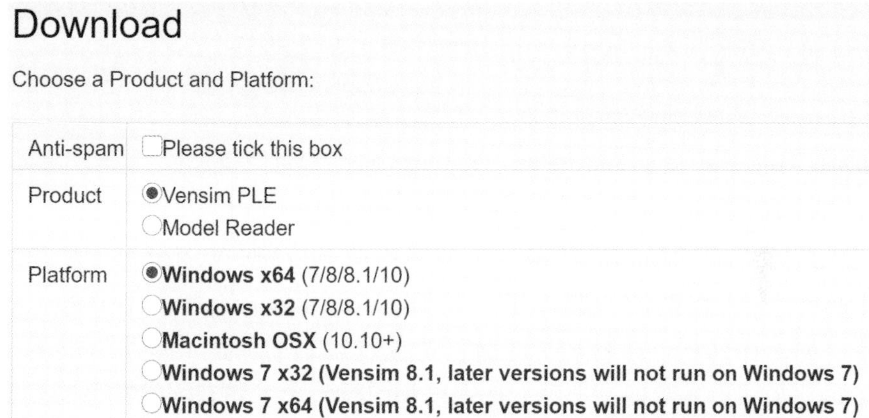

3-8-1 Vensim 的介面和繪圖

Vensim 介面

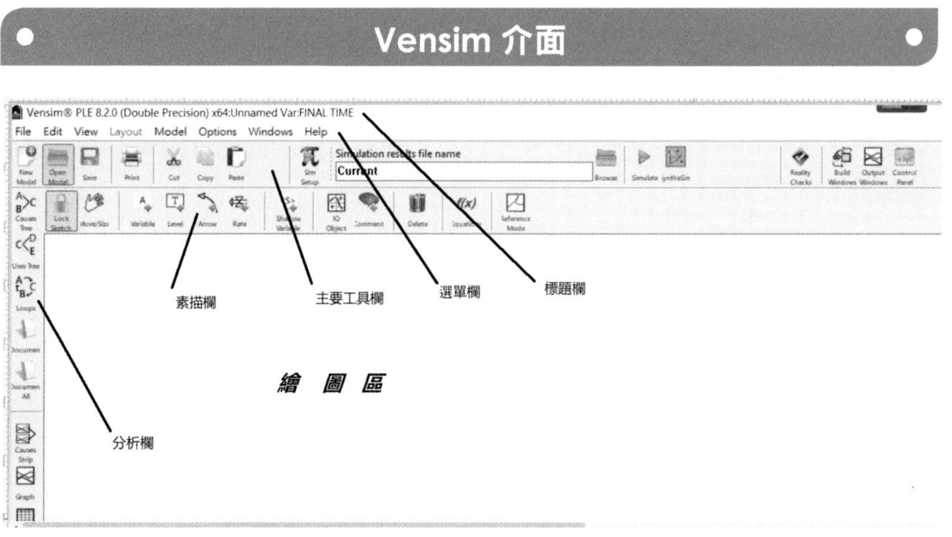

Vensim 的主要功能透過選單欄、工具欄、素描欄中的項目選擇而實現，系統思考的回饋環的素描產生在主頁面的繪圖區。

3-8-2 回饋環作圖步驟

主介面最下方的欄目素描欄共有 12 個按鈕。

鎖圖 位移／大小 變量 存量 箭頭 流量 影子變量 物件 注釋 刪除 等式 參考模式

系統思考的回饋環結構圖，主要使用第三按鈕「Variable」和第五按鈕「Arrow」。作圖的步驟如下：點擊「Variable」添加模型變數；透過點擊「Move/Size」對圖形物件進行位置或大小的調整，還可以透過點擊「Variable」對變數進行拖曳；透過點擊「Arrows」將有因果關係的變數相互連接起來；點擊「Variable」，然後單擊已有變數，可以對變數名進行編輯。若欲刪除變數：選中要刪除的變數，點選編輯→刪除，或者按「Delete」鍵。

3-8-3 編輯因果關係圖時的主要事項

（一）變量

單擊「Variable」按鈕後輸入變量名稱，可以在該變量名稱上添加邊框，如矩形、圓形、三角形、寶石形等，並可對變量名的字體進行編輯以及選擇顏色。

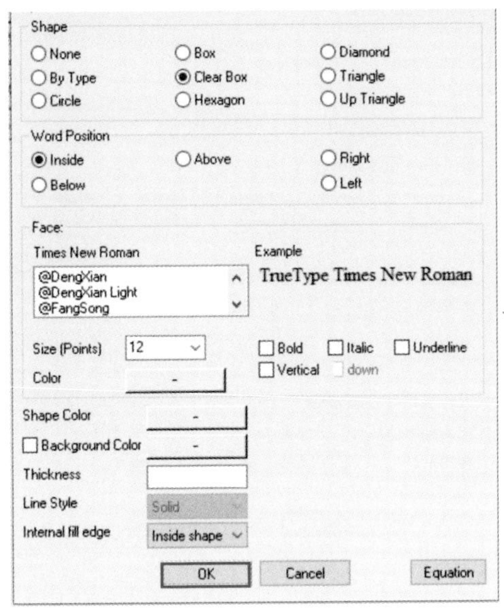

（二）箭頭

右擊「Arrow」按鈕後，便可指定箭頭的連接方向。可以對箭頭線的粗細進行選擇以及確定極性的表示符號，共有四種：+、-、S、O，必要時也可以自行設計。提醒特別注意的是，為避免上述極性符號被遮蓋，可以選擇理想的出現位置：箭頭的裡側或外側、箭頭線的外側。最後，如果是一個有 Delay 的連接，請在對話方塊中點擊「Delay mark」。

箭頭設計

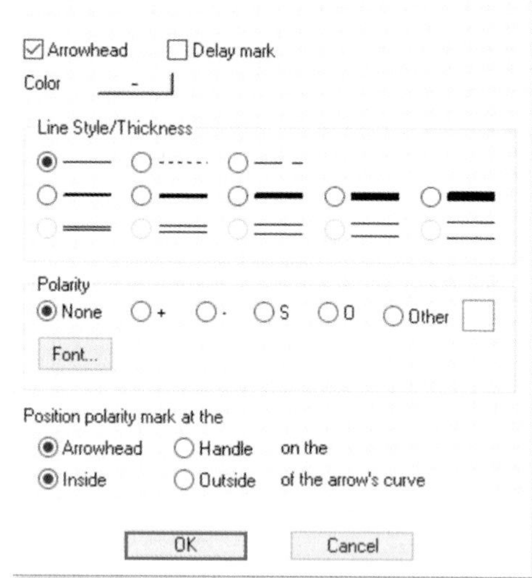

（三）添加注釋

如要注釋回饋環的類型，請單擊「Comment」按鈕並選擇對話方塊中的內容。

回饋迴路的注釋

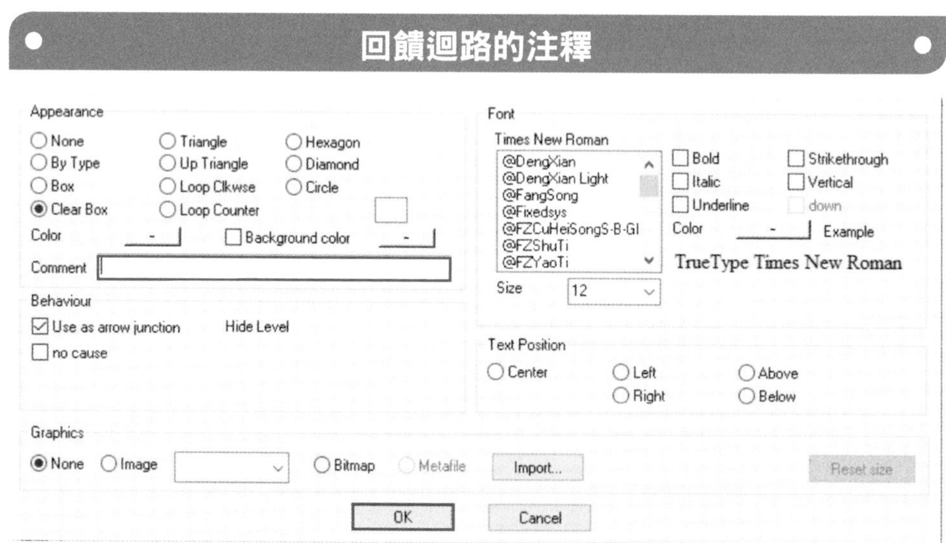

回饋環極性的注釋有許多不同的選擇，如果不想用正負號，假設是順時鐘方向的增強回饋，請在對話框中選擇 Loop Clkwse，並在空白的 Comment 欄內輸入 R 字母；如果是逆時鐘方向的調節回饋，請在對話框中選擇 Loop Counter，並在空白的 Comment 欄內輸入 B 字母。如果你想用正負號表示迴路的極性，那麼可以在對話框最下方的 Graphics 處選擇 Image，在下拉清單裡選擇正負號或其他圖形。

回饋環極性的圖形選擇

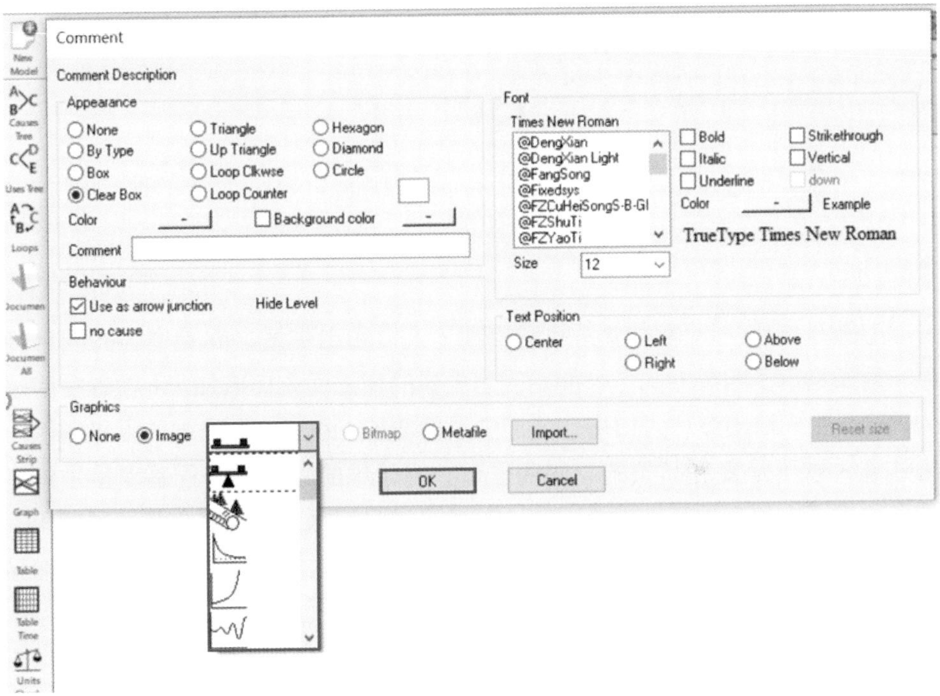

（四）回饋環設計圖舉例

回饋環設計

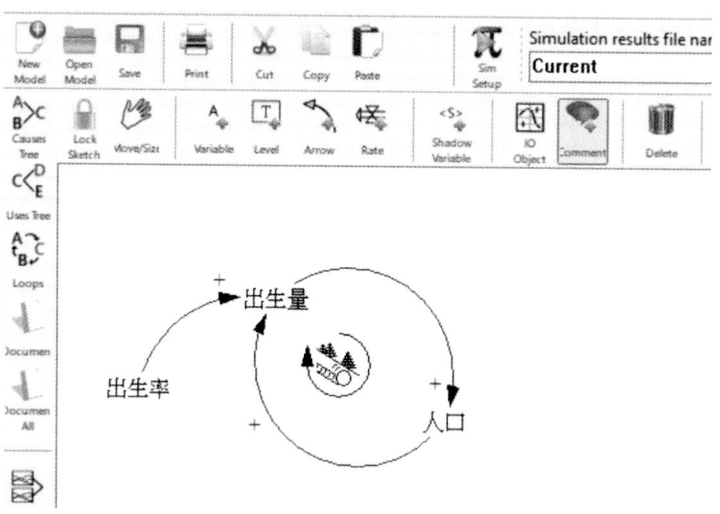

上圖是一個三因素的增強回饋環圖，人口和出生量之間是增強的因果關係，箭頭指示了因果方向，一開始因出生量的增加而人口增加，+ 號畫在箭頭的內側。從人口出發，人口增加後出生量亦增加，也是一個增強的因果關係，請注意 + 號不是畫在箭頭的某側而是畫在箭頭線的外側。第三個變量是外生的出生率，出生率越高出生量越大，二者是增強關係，+ 號畫在箭頭的外側。最後回饋環的注釋是用滾雪球的圖案表示，這是一個用順時鐘方向觀察的增強回饋環結構。

Chapter 4

系統思考的量化方法

4-1 系統思考如何量化

4-1-1 《第五項修練》、《成長的極限》兩大名著有什麼關係？

Q 學生：請問老師，彼得．聖吉的《第五項修練》和羅馬俱樂部的《成長的極限》，它們是姐妹篇嗎？還有什麼叫「世界模型」？我們都應該學嗎？

A 老師：《成長的極限》完成於 1970 年代，《第五項修練》在 1990 年代出版，相差 20 年，兩本書的作者們都是 Forrester 教授的學生輩。這些有影響的著作的理論基礎都是系統動力學。《成長的極限》是「世界模型」（World Model）的通俗版。討論這一切都要回到系統動力學兩大部分，一部分是因果回饋環，一部分是因果回饋環的算法。1990 年代因為《第五項修練》的問世，原先的第一部分相對獨立了，並稱為系統思考。本章的任務就是把因果環轉為數量模型。

Q 學生：老師，我的數學基礎不好，是不是這種定量的模型很難懂？我們真能學到手嗎？

A 老師：對於今天的讀者而言，系統動力學是否能學成絕非由數學基礎來決定，因為應用軟體已經套裝好所有的數學公式，你的任務是選擇。根據我的觀察，學不學得好與訓練和照貓畫虎有關，肯花時間訓練的人、敢照貓畫虎的人都會成功。

4-1-2 系統動力學的變臉技術，CLD 如何轉換為 SFD

第一件事是把因果回饋環 CLD（Causal Loop Diagram）轉換為存流量 SFD（Stock Flow Diagram），用 Vensim 軟體實現這種轉換，彷彿川劇變臉一樣快。

人口的因果迴路 CLD 圖

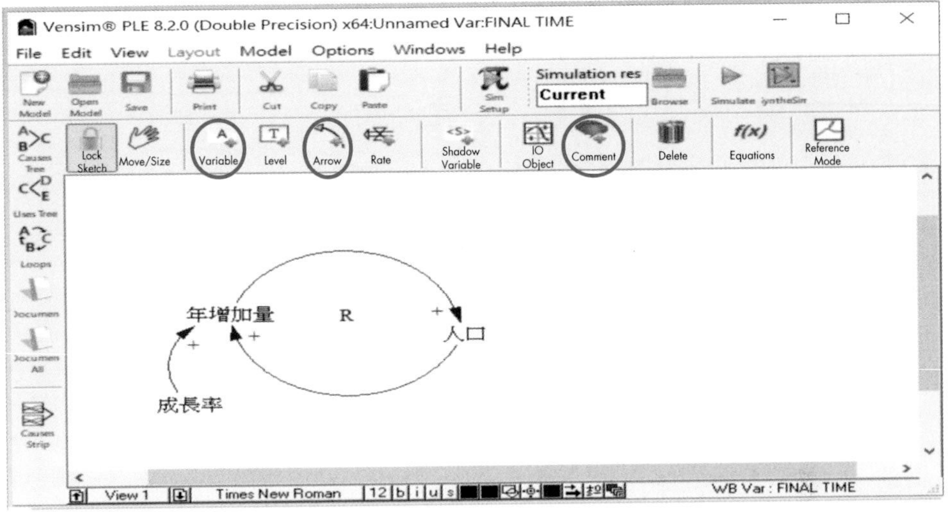

利用 Vensim 工具欄中的 Variable、Arrow 和 Comment 三個按鈕即可完成上圖的因果迴路圖；繼續利用工具欄中的另幾個按鈕 Level、Arrow、Rate 和 Comment 完成三個變量的存量流量流程圖（見下圖）。

人口的存流量 SFD 圖

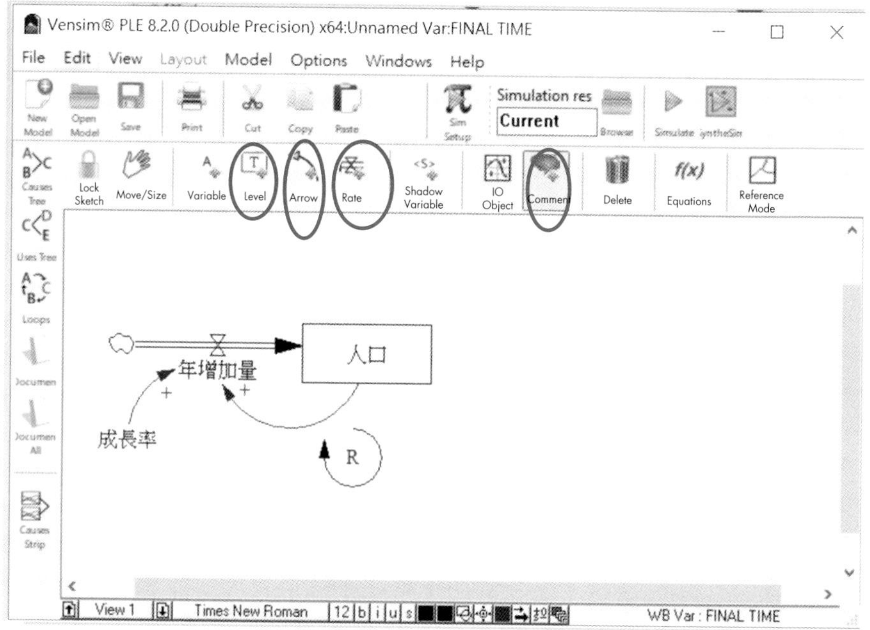

上圖被稱為「存量流量流程圖」（簡稱存流量圖），常用 SFD 表示。在 SFD 的圖例中，「人口」是「存量」，用一個矩形表示，「年增加量」是「流量」，用一條帶有閥門的小管表示，「成長率」是輔助變量，用文字直接表示。流量的圖例十分像中間有一個閥門的水管，水管的出發點帶有一個雲狀的符號，表示來源即模型的邊界。如果是流入量，箭頭指向存量；如果是流出量，箭頭背離存量。存量 + 流量 + 輔助變量，被稱為系統動力學模型結構的「分子團」，不同的分子團結合出不同的系統動力學結構。

因果環迴路分析並不區分元素是存量或流量，但是定量模型不同，必須區分變量的類別，用浴缸的比喻來區分變量的種類最容易為人理解。

4-2 浴缸模型

4-2-1 系統動力學的原型是浴缸的水位和流量

斯特曼（John D. Sterman）把系統動力學模型比喻為浴缸流水，讓初學者很容易會意。斯特曼是 MIT 的名教授，他的大作 *Business Dynamics: System Thinking and Modeling for a Complex World*，在系統動力學叢書中地位顯赫。請看浴缸水位與存流量圖的對應關係。

浴缸水位與存流量圖的對應

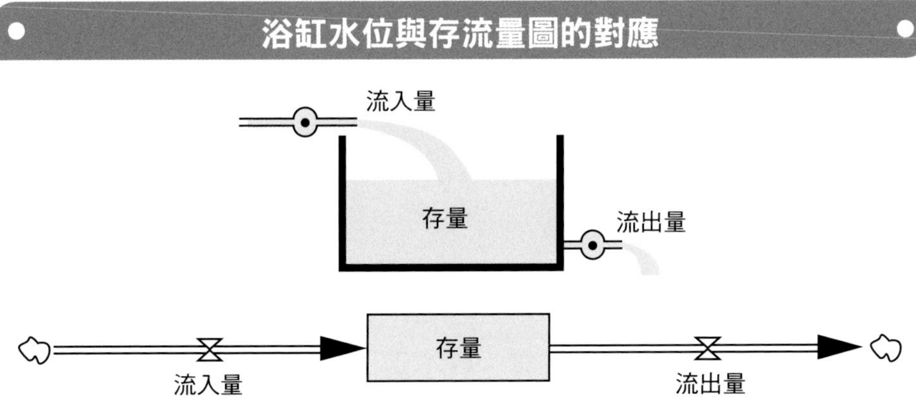

上面的圖是浴缸的流水示意，下面的圖則是系統動力學 SFD 的圖例表示。浴缸的存量是怎樣變化的？當浴缸流入量大於流出量時，浴缸的存量上升；相反地，如果流入量小於流出量，存量則下降。系統動力學的定量模型正是從存流量圖開始的。

4-3 什麼是存量

4-3-1 閒話存量

Q 學生甲：老師，到底什麼是存量呢？我聽到有人說，富人用「流量」思考，窮人用「存量」思考，這話對嗎？

A 老　師：其他同學有看法嗎？

Q 學生乙：老師，這話應該沒有錯，因為富人有錢敢花錢，花錢是流量；窮人沒有錢只好守住存款，存款是存量。

A 老　師：答案在邏輯上沒有錯，但是命題並不合邏輯，你也可以說張三用流量思考，李四用存量思考。閒話存量很有必要，因為存量的概念常引起爭執。

4-3-2 活動停止，流量等於零；神木走了，年輪依然

至今仍沒有精準的方法定義存量，存量通常是指積累而總合的量；流量則是指活動、運動或流動的量。活動可能停止，但存量沒有改變，這是區別存量和流量的「土辦法」。例如一株參天大樹——阿里山的「神木」，它已經死了，不生長了，流量是零，然而它的存量「年輪」依然存在。再如天空的汙染，即便一切地面汙染活動停止，已被破壞的臭氧層空間仍然存在，在這種情況下，你可以說汙染是流量，而臭氧洞是存量。依次類推，大氣中溫室氣體的濃度是存量，化石燃料排放的 CO_2 便是流量。存量的一個重要特徵是「記憶」，有了它，世界上才有許多「往事並不如煙」的故

阿里山神木

事。某種語言可能已經停止，但記錄它的文字（文化的存量）猶存，如拉丁文。

存量和流量的舉例如下表。

存量和流量舉例

流入量	存量	流出量
出生量	人口	死亡量
種植量	樹木	砍伐量
進食量	胃中的食物	消化量
提升	自尊	抑制
僱用	就業量	辭退
學習	知識	遺忘
產量	庫存	銷量
借貸	債務	償還
復原	健康	衰退
生成	壓力	發散
建設	建築物	拆毀
進水	浴缸水	放水

有時候同樣的一個量，既可以看作存量，也可以看作流量。收入（Income）這種東西就是這樣，通常收入視為存量，如果把每小時的工錢（日本人說，這是生命的零售價格）當作流量，你的月收入便是存量；但如果把你的財富當作存量，你的收入就是流量了。

除了存量和流量外，SFD 還會用另兩個變量，一個叫輔助變量，一個叫常量。輔助變量也稱中間變量，它連接各種可能的關係，既可能與存量有關，也可能與流量有關或與另一個輔助變量有關。常量是輔助變量的一個特例，它是一個獨立的不隨時間變化的數。

4-4 入門模型

軟體具備各種工具，無須顧慮微積分公式是否忘記。人口問題最為人關心，也最容易破門而入，我們便以下圖為起點，討論一個虛擬小鎮的人口過程，完成這個定量模型將會有九個步驟。

4-4-1 小鎮人口 5 千人，成長率 0.07，10 年後、20 年後有多少人？

（一）定量模型九步驟

1. 第一步：開門見山

打開 Vensim 並在選單 File 中選擇 New，會跳出 Model Settings，請按照第二步的內容改正軟體內定值，按 OK 後則出現下圖的畫面。

未命名的新模型首頁

首頁的第一列為選單，包括：File、Edit、View、Layout、Model、Options、Windows、Help 等。

第二列為基本工具，包括：Open Model、Save、Print、Cut、Copy、Paste 等。

第三列為繪圖工具，包括各種變量、連接和公式。

最左邊垂直的一欄是各種分析工具，包括各種計算結果圖表的陳列和敏感性分析圖。

2. 第二步：完成模型基本設定

點擊 Model，點選「New Model」鈕，顯示「Time Bounds for Model」對話視窗，將「TIME STEP」設定為 0.25，「Units for Time」設定為 Year，「INITIAL TIME」為 2020，「FINAL TIME」為 2050。本模型模擬的時間長度為 30 年，從 2020 至 2050 年。模擬的時間單位為年，模擬的步長 dt 是 1/4=0.25 年，即電腦模擬的單位時間為四分之一年。

模型的基本設定

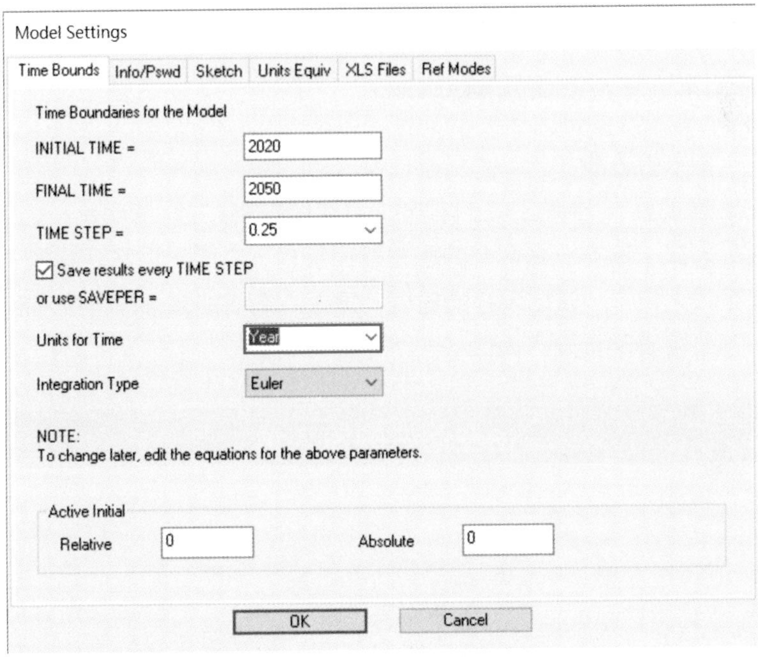

3. 第三步：選擇主要的存量

在繪圖工具內，用滑鼠左鍵點擊「Level」（存量），於工作視窗內點選一個合適的地方，鬆開手指，出現一個編輯框，鍵入「人口」，這是本模型的唯一存量。

確定存量

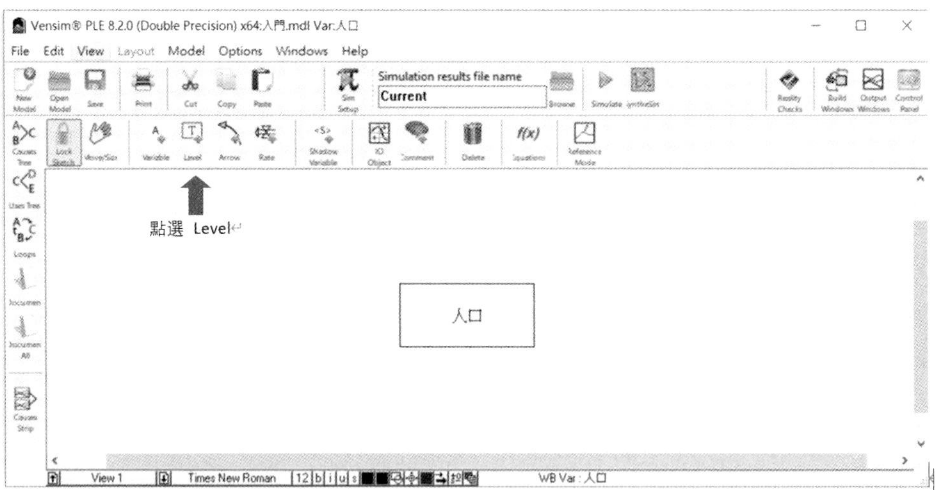

4. 第四步：輸入流入量

在繪圖工具，存量工具的右方，用滑鼠左鍵點選「Rate」（流量），然後在「人口」左方一個合適的地方鬆開手指，立即出現雲狀圖案，繼續移動滑鼠至「人口」，當出現編輯框後，鍵入「年增加量」，再按「Enter」，一條水管便由雲圖指向「人口」。

由左而右的流入量

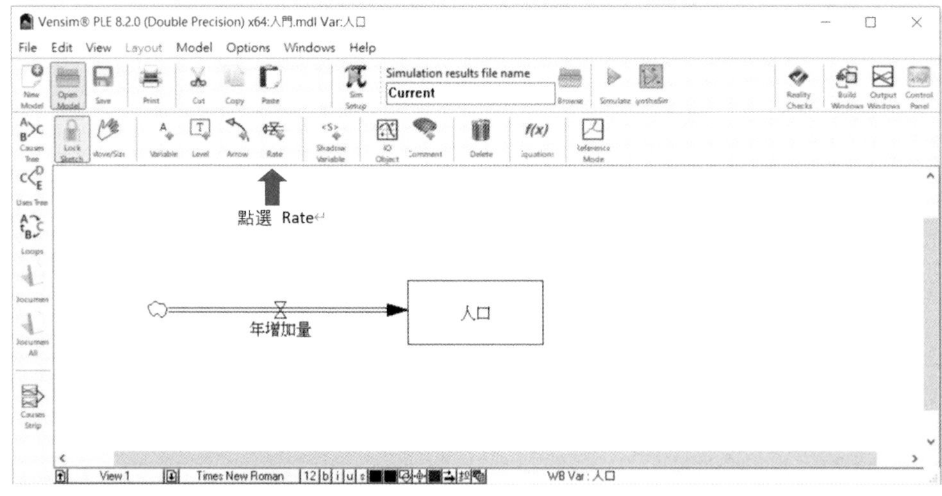

5. 第五步：確定影響流量的輔助變量

在繪圖工具 ，點選「Variable」（輔助變量），於工作視窗內點選一空白點，出現編輯框，鍵入「成長率」，再按「Enter」鍵，即會顯示「成長率」。

輸入輔助變量成長率

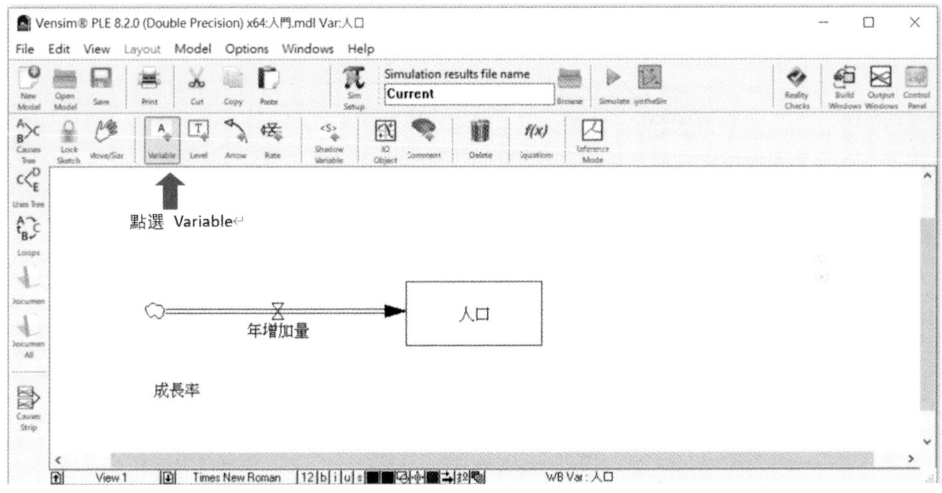

6. 第六步：連接存量、流量、輔助變量三要素

在繪圖工具內，點選「Arrow」（箭頭）工具鈕，拖曳箭頭從「人口」到「年增加量」以及從「成長率」到「年增加量」。

基本單元三要素

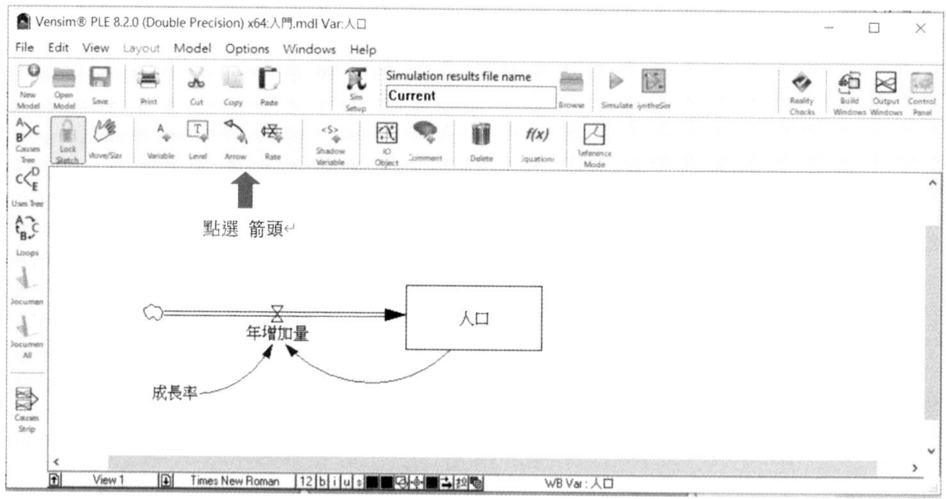

7. 第七步：確定公式內的變量關係

在繪圖工具內，點選「Equations」（公式）工具鈕，所有需要確定數值和關係的變數會「翻黑」，然後逐個確定。

確定模型的公式

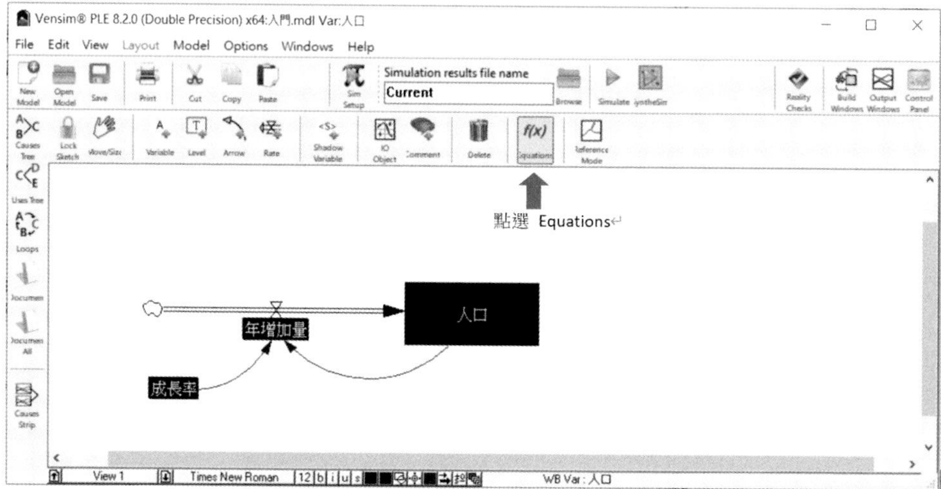

(1) 首先確定存量（人口）的初始值，按下翻黑的「人口」並置入數字「5,000」。

確定存量的初始值

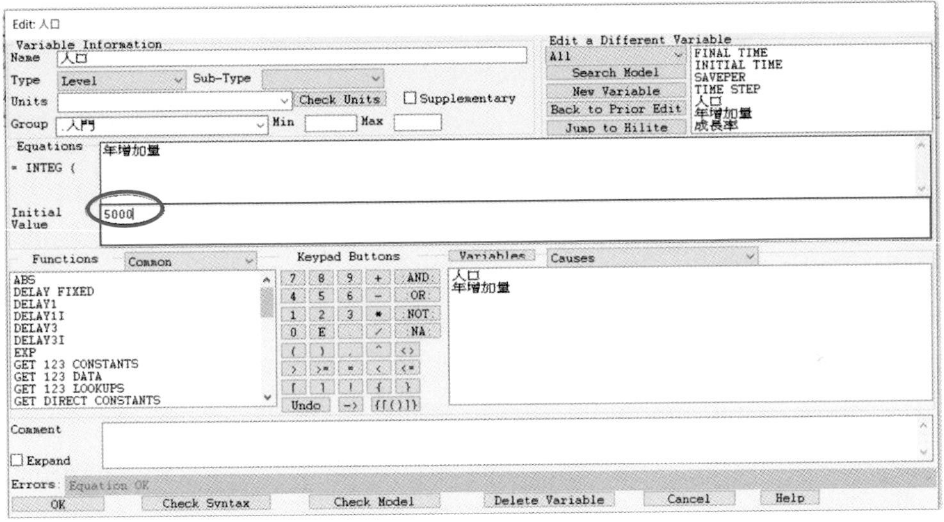

(2) 確定流量（年增加量）公式的內容，按下翻黑的「年增加量」（Variable）欄，在 Equations 框內輸入「人口 * 成長率」，星號「*」表示相乘，這就是說年增加量等於人口乘以成長率。注意，年增加量的單位是「人 / 年」。

確定流量的公式

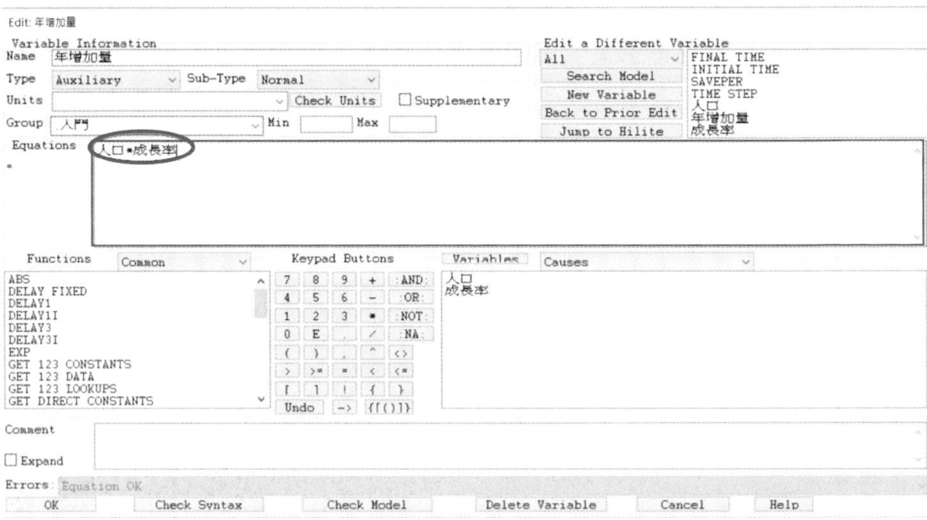

(3) 最後確定輔助變量的數值，按下翻黑的「成長率」，輸入數字 0.07。

確定輔助變量的數字

8. 第八步：讓模型跑起來

在第二列基本工具中點選「Simulation」鍵，使模型運作起來。並點選「Control Panel」鍵和「Graph」鍵準備好要輸出的圖表格式。

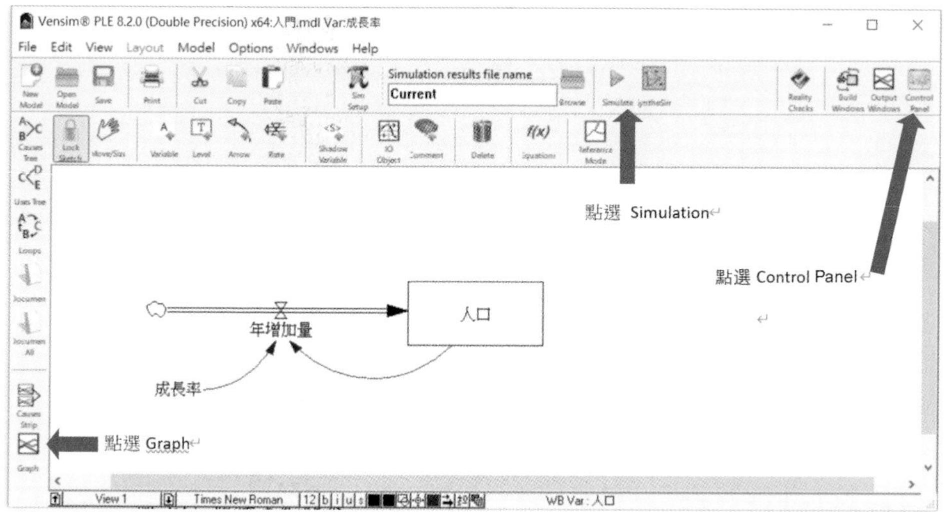

9. 第九步：圖表輸出

自訂圖片內容，方法如下：

(1) 選擇工具列中的控制台（Control Panel），並選擇 Graphs，出現以下畫面。

自訂圖表

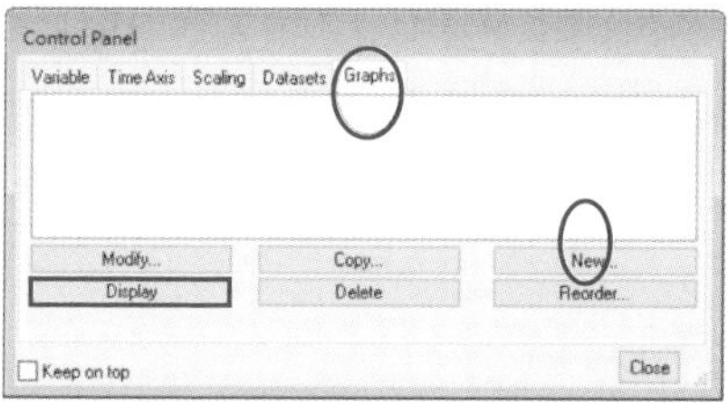

(2) 點選「New」，顯示自訂圖片編輯對話方塊如下圖。

選擇圖表變量

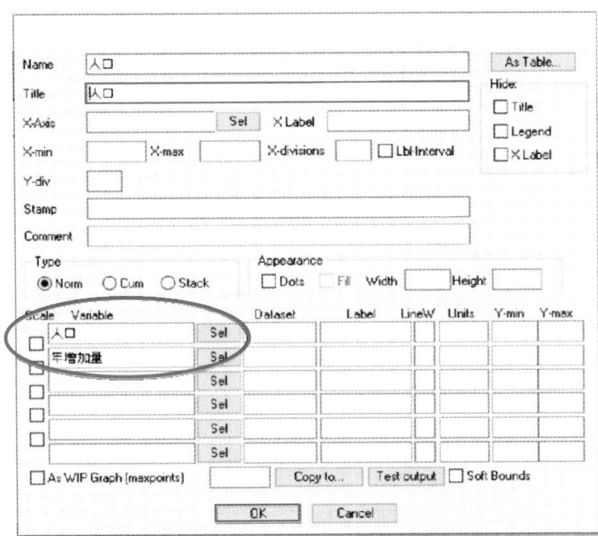

(3) 在變數欄中輸入變數名，或點擊「Sel」按鈕，然後在彈出的變數選擇對話方塊。

(4) 按兩下要選擇的變數（也可輸入變數名的前幾個字母，當標記在此變數上時，接著確定）。重複此項操作，直到輸入所有變數。

最後我們得到本模型模擬結果圖和表。

小鎮人口成長

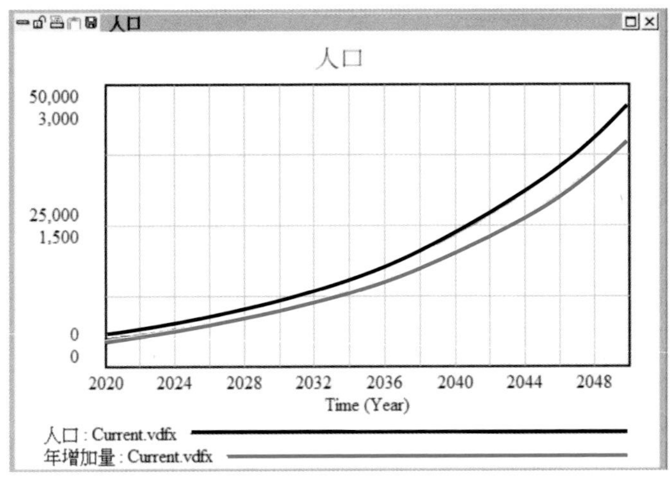

圖的橫坐標起自 2020 年，終於 2050 年，每格表示 2 年。圖的縱坐標既表示人口數也表示年增加量，人口坐標的最小值為 0，最大值為 50,000 人，每格表示 12,500 人。年增加量坐標的最小值也為 0，最大值為 3,000 人，每格表示 750 人。

小鎮模擬人口的數據輸出見下表，該表有三大列數據，第一列是時間，間隔為 0.25 年，第二列是人口，單位為人，第三列是年增加量，單位為人。

小鎮人口成長數據

數據

Time (Year)	人口	年增加量
2020	5000	350
2020.25	5088	356.1
2020.5	5177	362.4
2020.75	5267	368.7
2021	5359	375.2
2021.25	5453	381.7
2021.5	5549	388.4
2021.75	5646	395.2
2022	5744	402.1
2022.25	5845	409.1
2022.5	5947	416.3

4-5 量化的功能

4-5-1 量化有助預見，可以心中有數

量化是**賦值**和**測量**的行為，從這個意義上說，量化是科學的最基本方法。定性的公式和因果回饋環，可以給出系統在時間坐標軸上的一般行為模式，但沒有時間和行為個體的針對性。例如人口發展的回饋環，回饋環共有四個元素：人口、出生、死亡和資源。左圖是增強環 R，人口越多出生越多，出生越多人口越多。右圖是調節環 B，人口越多死亡越多，死亡越多人口越少。第四個元素是外生的有限資源，人口越多分配到的資源越少，分到的資源越少死亡率越高。通常人口系統的行為模式是階段 I 人口上升，階段 II 人口收斂，階段 III 人口下降。台灣的人口發展完全符合這種行為模式，如果你執行量化的計算，你就清楚台灣目前處於人口下降的階段，鄉鎮人口萎縮、大學生不足的種種危機出現。

人口發展因果回饋環和行為模式

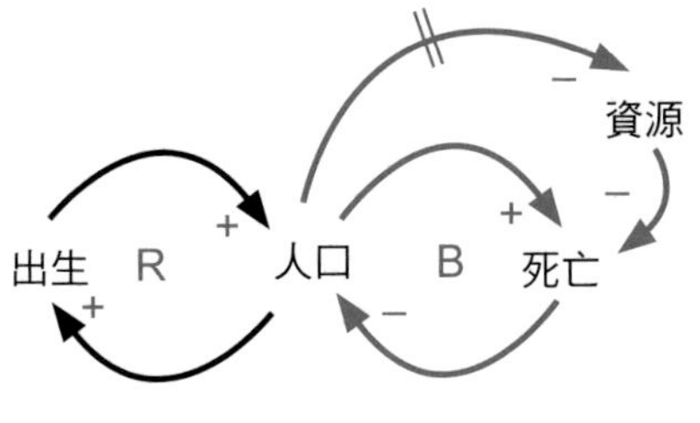

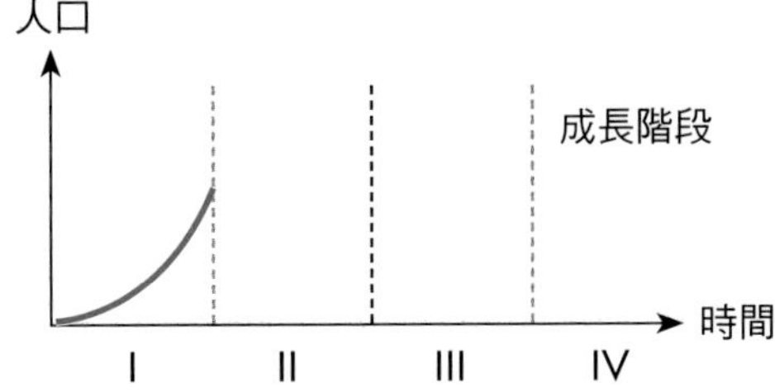

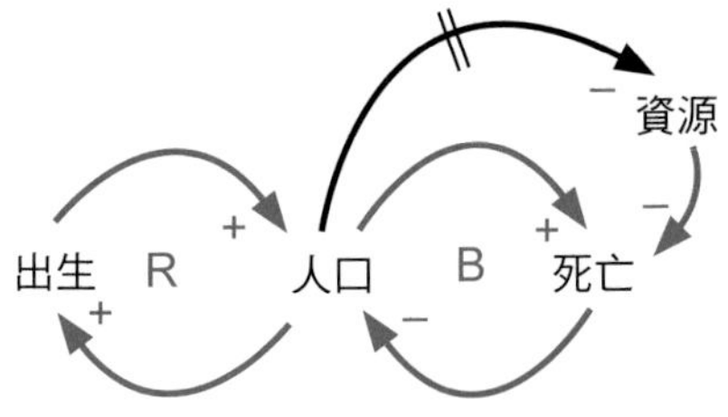

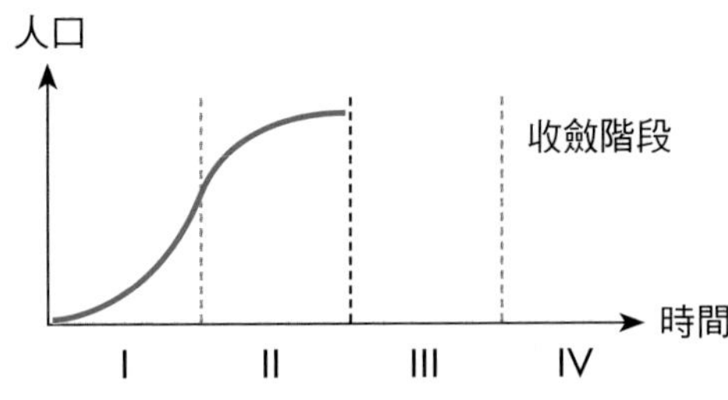

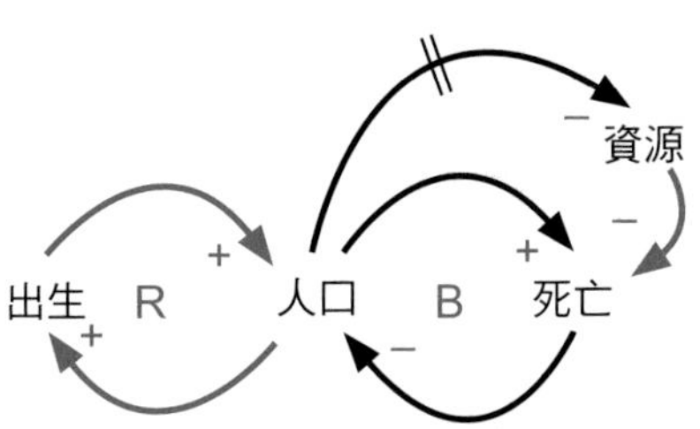

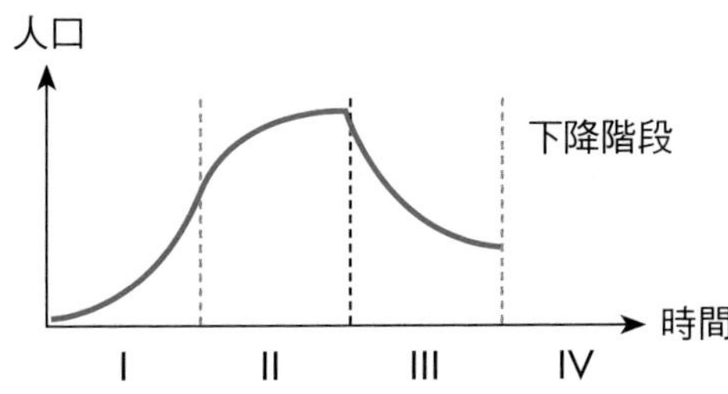

4-5-2 兩個學生的有趣對話，量化可以打開眼界避免 Chaos

Q 學生：老師，我是 **Sophie**，**Peter** 說存量初始值很重要，可是他又說不清楚，他用 **Chaos** 來嚇人，他說初始值弄不好會天下大亂。

A 老師：Peter 沒有說的故事我大致知道了。我們先來談 Chaos 這個詞，有誰知道該怎麼翻譯嗎？

Q 學生：我是 **Daniel**。**Chaos** 最好翻譯為「混沌」，很多人翻譯為「混亂」，其實並不理想。

A 老師：今天好高興聽到你們許多有見解的見解！讓我來談談 Peter 想說的蝴蝶效應。

1961 年冬天，美國氣象學家洛倫茲（Edward Lorenz）用一台皇家麥比（Royal McBee）的真空管電腦，對一組氣象動力學方程進行數值模擬。他趁電腦運算的時間去喝咖啡，並且為圖方便，把一個小數點後六位數的初始值（.506127）做了四捨五入處理，僅輸入前三位數 506。最後這個不到千分之一的誤差使最後的計算結果面目全非。1972 年，洛倫茲在美國科學發展學會上做了一個「蝴蝶效應」的報告。他說初始條件的一個微小變化有可能引起一連串逐漸被放大的改變，最終導致完全意外的結果。小因小果的線性關係為小因大果的非線性所替代，一隻巴西的蝴蝶搧動翅膀，有可能引起美國德克薩斯州一場大風暴。這種現象被人稱為「洛倫茲吸引子」。

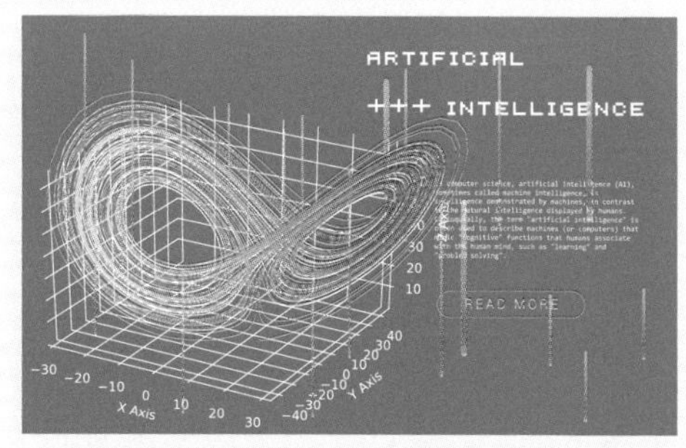

洛倫茲吸引子

Q 學生 **Daniel**：老師，我還聽另一個教授舉例。這個教授說很久以前，同一個公寓裡住了兩戶和睦的鄰居，他們各有各的習慣。住在三樓的張三固定在上午 **9** 點向窗外倒水，**10** 點出門。二樓的李四固定在 **7** 點吃早餐，**8** 點出門。大家相安無事。可是有一天，李四的早餐被耽誤了，他於 **9** 點鐘出門，此時正好樓上的張三倒水，結果被澆了一頭，李四好不生氣。

Q 學生 **Tao Chong**：張三和李四的行為模式並未變化，但行為人的初始值一旦變化就會出現洛倫茲的蝴蝶效應。

A 老師：一旦你們使用 Vensim，你們就進到「實驗室」，一個不用量杯、不用天平的實驗室——**社會經濟實驗室**。模擬計算打開你們的眼界，當然，計算也讓你們**碰到 Chaos 的機會大大增加**！記住我這句話。

4-6 南投集集鎮人口討論

Q&A

Q 學生：老師，是不是可以舉一個應用例題來說明計算人口模型的全過程？

A 老師：台灣人口已處在死亡量高於出生量的下降階段，人口一萬左右的小鎮會怎樣變化呢？很值得模擬計算。讓我們以南投縣的觀光小鎮集集鎮為例。

4-6-1 集集小鎮的未來人口，系統動力學的政策試驗室

（一）模擬計算五步驟

1. 第一步：了解集集鎮的人口歷史，從網路查到一個官方的統計，請見下表。

集集鎮人口

年	人口 / 人	年	人口 / 人
1981	14,649	2001	12,302
1986	13,756	2006	12,216
1991	12,678	2011	11,737
1996	12,347	2016	11,035

由上述統計數據推算，自 1981 年的 40 年來，集集鎮人口大約每年減少 103 人，但我們並不清楚這是人口外流引起的，還是死亡率與出生率不平衡造成的結果，或者兩項因素都有。

集集車站

2. 第二步：繪製集集的人口存量流量流程圖。

集集鎮人口好像一個只有水流出的浴缸，用 SFD 表示如下圖。這個模型共有三個變量、存量、流出量和輔助變量。

集集人口 SFD

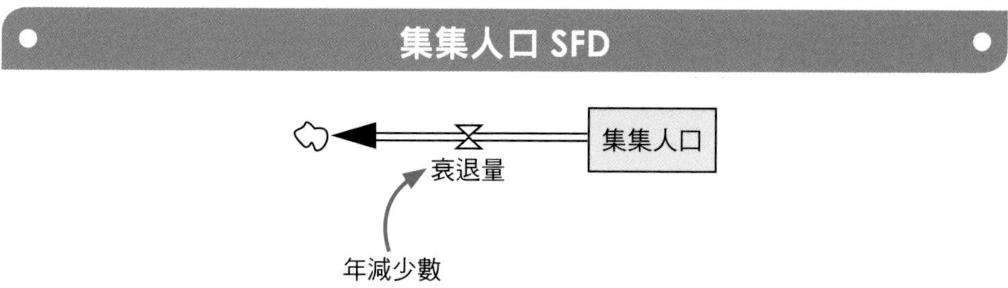

3. 第三步：確定人口初始值 14,649 人（模型起自 1981 年）。

集集人口初始值（1981 年數據）

請注意計算公式中衰退量前有一個負的符號，表示集集人口的流出量。

4. 第四步：確定流出量「衰退量」，在數值上它等於「年減少數」。

5. 第五步：確定輔助變量「年減少數」，它等於常數每年 103 人。

模擬得到的集集鎮人口動態如下，這是一條近似直線的下降曲線。

集集鎮未來人口

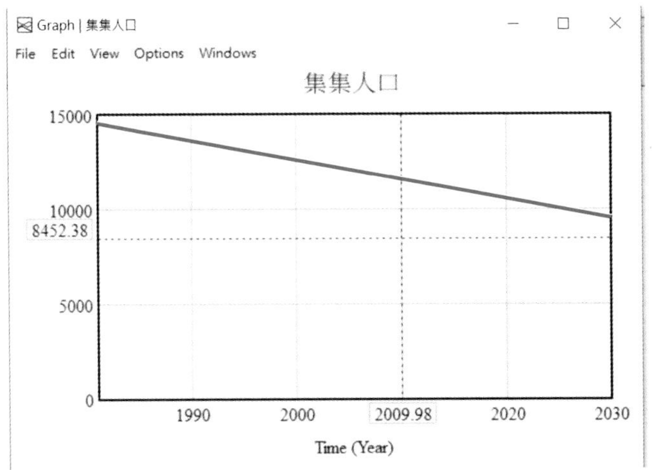

模擬人口的輸出數據見下表。

集集鎮人口預測數據

年	人	年	人	年	人
2000	12,692	2016	11,044	2025	10,117
2010	11,662	2020	10,632	2030	9,628

請將上表的數據與統計表的數據比較，二者的差值即為預測的誤差，以2016 年為例，統計數 11,035，預測數 11,044，可見誤差不大。

4-6-2 系統動力學政策試驗室，關於集集鎮的人口復甦計畫

Q & A

Q 學生：老師，我看過一個報導說，**2014** 年日本出版一本名叫《地方消滅》的書，指出日本在 **2040** 年前將有 **896** 個市村町消失，為此日本政府推出「地方創生」計畫。

Q 學生：台灣在學日本，**2018** 年國發會發表台灣的「地方創生」戰略計畫，據說有 **134** 個鄉鎮區被列入。老師，如果集集鎮列入其中，如何設計集集鎮的人口復甦計畫呢？

A 老師：有兩種做法，一種是提高在地的出生率，另一種是移民計畫，後一種比較簡單。移民的模型只要在一般模型的基礎上，增加一個遷入人口的流入量即可完成。假設 2021 年開始每年遷入 200 人，看看幾十年後會怎樣，這就是系統動力學政策試驗室的政策實驗報告。

集集鎮人口遷入模擬

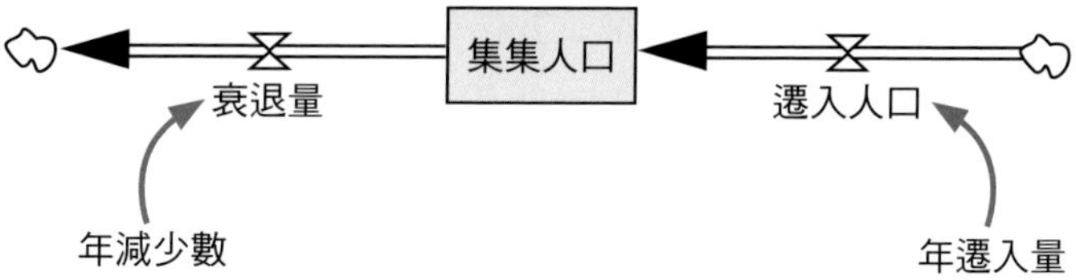

這個模型十分簡單，存量是「集集人口」，決定存量變化的是流出量「衰退量」和流入量「遷入人口」的差值。流量「遷入人口」等於輔助變量「年遷入量」，後者是一個稱為 STEP 的函數，如下圖。

輔助變量「年遷入量」設計

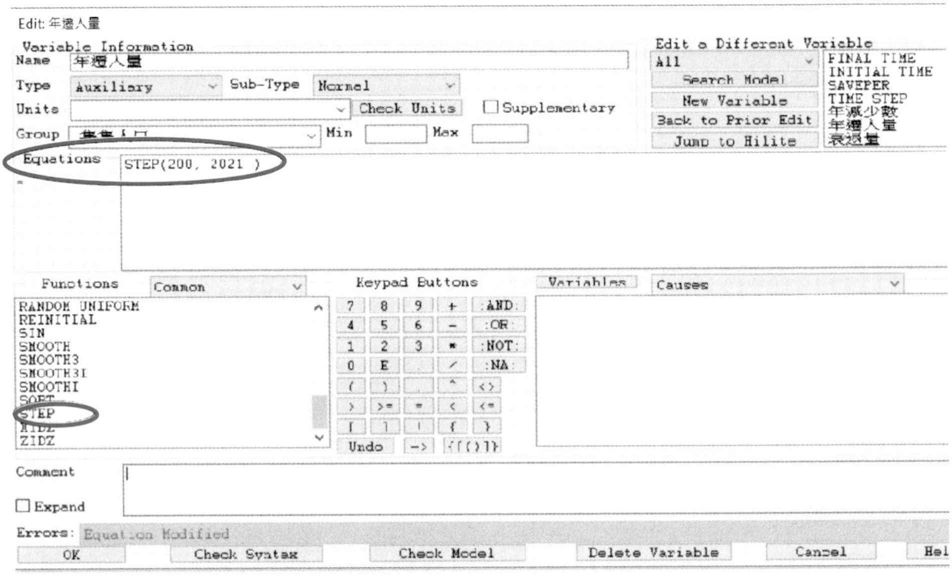

「年遷入量」也稱為政策變量，它的選擇經過如下。請在 Equations 欄內輸入「STEP（200, 2021）」，同時在 Functions 欄內選擇 STEP 函數。STEP 函數稱為台階函數，它有兩個參數，括弧內第一個數叫「高度」，第二個數叫「開始時間」，本例「STEP（200, 2021）」表示從 2021 年起每年移入 200 人。該語句的指令是：輸入一個高度 200 的直線，開始輸入的時間是 2021 年。

政策變量「年遷入量」設計為台階函數

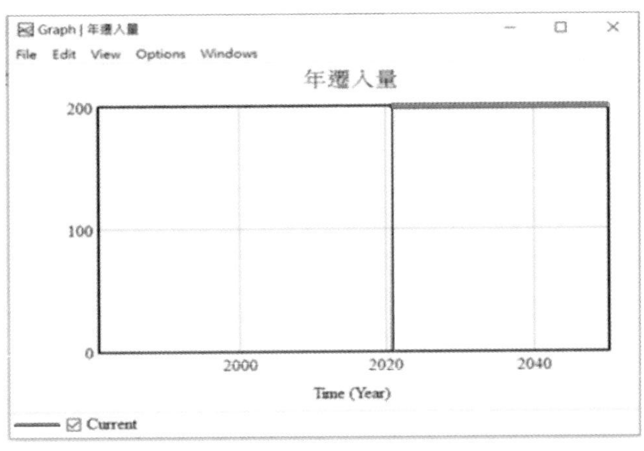

最後得到的模擬的人口復甦動態見下圖。

集集鎮人口復甦模擬

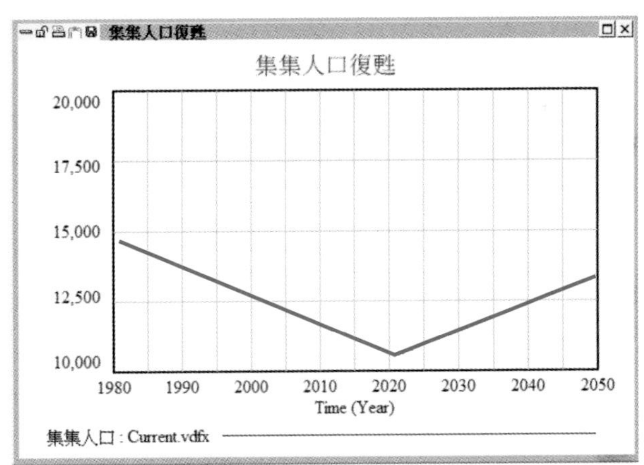

如果集集鎮自 2021 年起每年移入 200 人，集集鎮的人口將止跌回升，2030 年回復到 2012 年的人口水準 11,402 人，2050 年回復到 1993 年的水準 13,340 人。

Chapter 4 系統思考的量化方法

Chapter 5

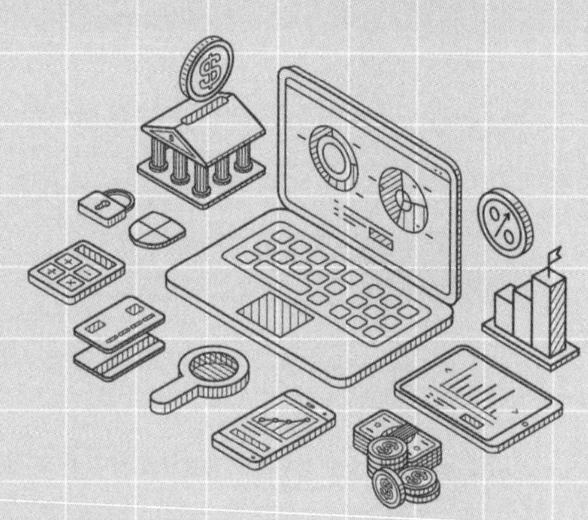

常見系統行為的模擬方法

5-1 分類模擬

5-1-1 沒有分類，但要注意存量 + 流量 + 輔助變量的分子團

Q 學生：老師，有沒有標準的模擬分類，比如怎樣模擬銷售，怎樣模擬網紅？

A 老師：從模型的結構而言目前還沒有統一的結構分類，你所講的是模擬的應用類別，每人歸納的不一樣。但很多人提到存量、流量和目標的三角關係，有人稱為 Vensim 的「分子 Molecules 結構」，然而並沒有以此為準的分類。實用的方法是利用本章介紹的各種存流量流程 SFD 做基礎，針對不同的系統行為拼圖，最好能像背誦詩詞一樣把經典的模型背下來。

Molecule 結構圖

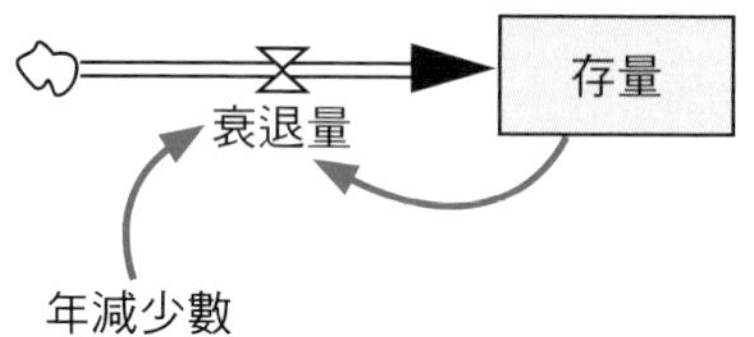

本章共有十六個模型，有的涉及管理，如庫存振盪；有的涉及經濟，如比爾．蓋茲財富的指數成長；有的涉及生態，如狐狸與兔子的生物振盪；有的涉及社會，如你還能記住多少人的名字；還有的涉及心理，如《亂世佳人》電影中男女主角的愛與不愛。

5-2 尋求目標的模型

5-2-1 倒咖啡

日常生活中大部分行為都可以歸納到尋求目標，所謂「尋求目標」（Goal Seeking）是指那些「**流量大小與存量的目標值有關**」的行為，當系統狀態達到目標值時，流量為零。比如倒咖啡、咖啡冷卻、忘性、排隊買票、櫃檯銷售等都可以描述為「流量尋找目標」的過程。

（一）如何模擬倒咖啡，如何模擬咖啡的冷卻？

倒咖啡是控制論的一個範例，有幾個關鍵概念：第一、存量狀態，第二、控制動作，第三、目標設定。水杯倒水的回饋環在第 2 章有過討論，現在要把它轉換為倒咖啡的存流量流程圖。

倒咖啡的 CLD 和轉換的 SFD

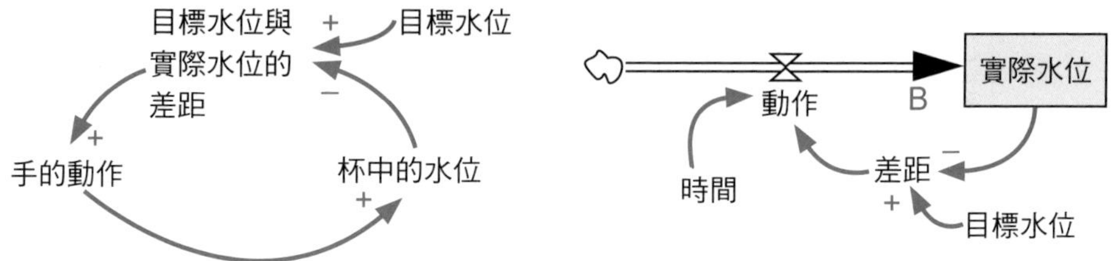

上圖左是倒咖啡的因果回饋環（CLD），右圖是倒咖啡過程的存流量圖（SFD）。咖啡杯中的實際水位是系統的狀態，當實際水位與理想目標（裝滿）比較，如果差距大，手的動作就要大。在右側的 SFD 中，「實際水位」是存量，「動作」是流量，「差距」是輔助變量，「目標水位」和「時間」是兩個外生變量，前者指咖啡杯的容積，後者指倒咖啡需要的時間。整個系統的公式匯總在下表中。請你打開 Vensim 軟體，一步步地照表操作。

水杯裝水的模擬公式

變量類型	變量名稱	公式	單位
L 存量	實際水位	初始值 0	cc
R 流量	動作	差距 / 時間	cc/ 秒
A 輔助變量	目標水位	500	cc
A 輔助變量	差距	目標水位 - 實際水位	cc
A 輔助變量	時間	10	秒
dt 模擬步長和起止時間	Model settings	dt=0.25，起止時間 30 秒	

模擬成果的輸出有兩部分，一部分是動態圖，一部分是模擬的數據。在模擬曲線圖中虛線表示「動作」，模擬開始時因為「差距」大所以動作大，隨時間的發展這條線越來越緩。實線是咖啡杯的水位，一開始升高得很快，接近滿杯時速度則慢下來。

倒咖啡的動態模擬

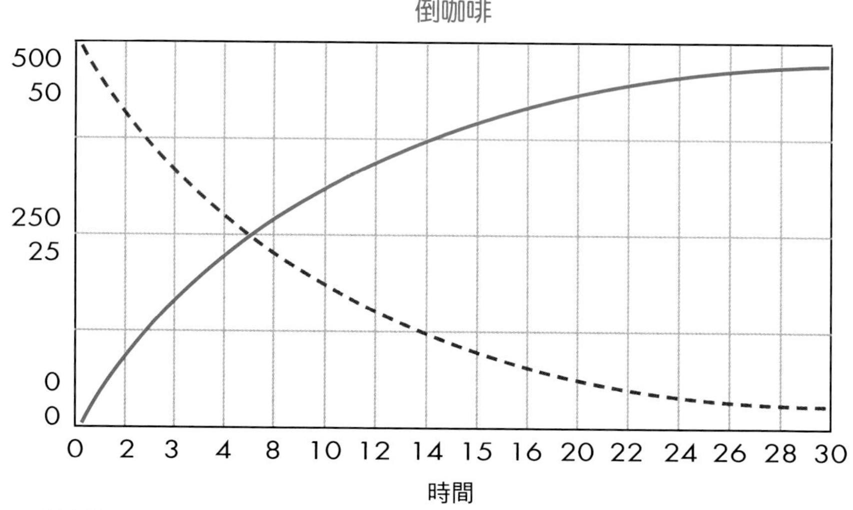

咖啡杯的模擬數據

時間（秒）	實際水位（cc）	動作（cc/ 秒）
0	0	50
5	197	30
10	316	18

5-2-2 咖啡冷卻

與倒咖啡的水位增長過程相反，咖啡的冷卻是另一類調節反饋環，其狀態變量是逐漸減小的。假定咖啡的溫度是 80 度，目標是室溫 25 度，冷卻需要 20 分鐘。模擬咖啡冷卻的存流量流程圖和模擬結果見下圖。

咖啡冷卻調節回饋系統及模擬值

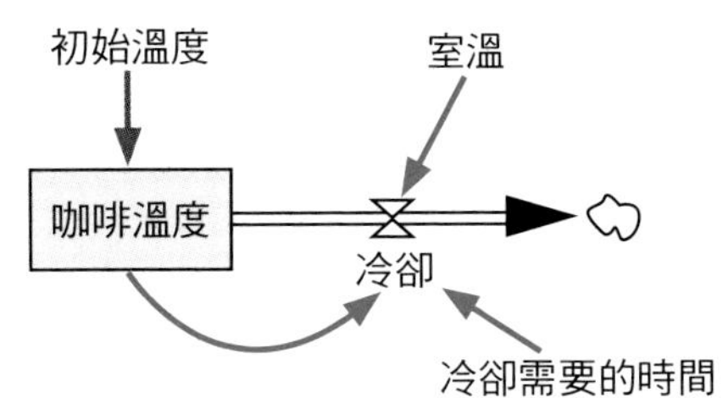

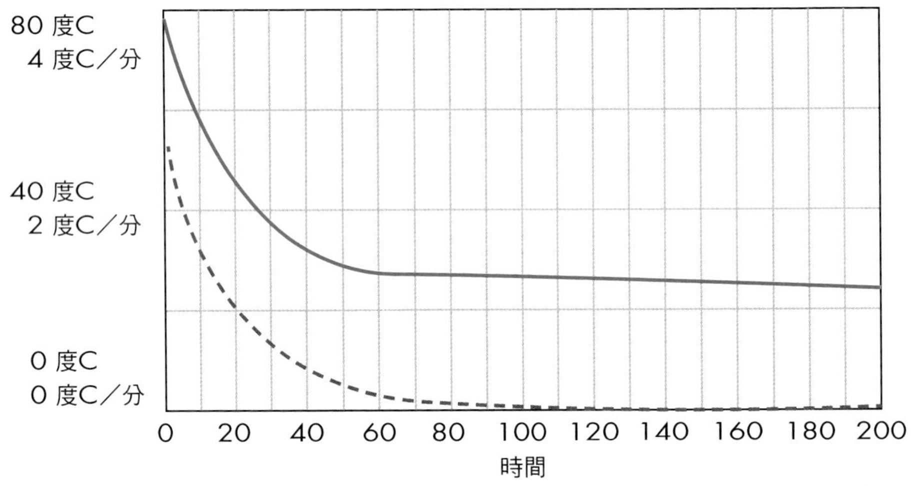

咖啡冷卻模擬公式

變量類型	變量名稱	公式	單位
L 存量	咖啡溫度	初始值 80	度
R 流量	冷卻	（咖啡溫度 - 室溫）/ 冷卻時間	度 / 分
A 輔助變量	室溫	25	度
A 輔助變量	冷卻需要的時間	20	分
dt 模擬步長和時間	Model settings	dt=0.25，模擬長度 200 分鐘	

咖啡冷卻模擬數據

時間（分）	咖啡溫度（度 C）	冷卻（度 C）
0	80	2.75
20	44.72	1.038
40	32.07	0.3534

5-2-3 雨打陽台

假定有一個 10 平方公尺布滿花卉的陽台，突然下起毛毛雨，如果雨點覆蓋的面積比例是 1/10，請問幾分鐘後陽台的花卉有一半會被淋濕？首先做一個因果回饋環 CLD 分析，如下圖。這是一個調節型的因果回饋環，如果從順時鐘方向開始解讀，陽台作為「因」，被雨淋濕的作為「果」，則陽台越大被弄濕的部分越大，在此用一個正的箭頭；當淋濕的部分作為「因」，乾的陽台部分作為「果」，則淋濕的部分越大乾的陽台越小，在此用一個負的箭頭。外生變量是雨點覆蓋比例，整個系統是一個調節的迴路。

雨打陽台的 CLD 和 SFD

B
乾的陽台
下雨弄濕的部分
+
–
+
雨點的密度

未淋濕的陽台
每分鐘淋濕的面積
雨點覆蓋的比例

按照第 4 章説明的步驟來確定每個變量的等式並歸納成下表，基本條件如下：未淋濕陽台的初始面積為 10 平方公尺，單位時間內雨點覆蓋的比例是 1/10，模擬長度共 50 分鐘。

雨打陽台模擬模型公式匯總

變量類型	變量名稱	公式	單位
L 存量	未淋濕的陽台	初始值 10	平方公尺
R 流量	每分鐘淋濕的面積	未淋濕的陽台 × 雨點覆蓋的比例	平方公尺 / 分
A 輔助變量	雨點覆蓋的比例	1/10	1/ 分
dt 模擬步長和起止時間	Model settings	dt=0.25，模擬長度 50 分鐘	

模擬所得結果見下圖和表。

陽台未被淋濕面積的變化

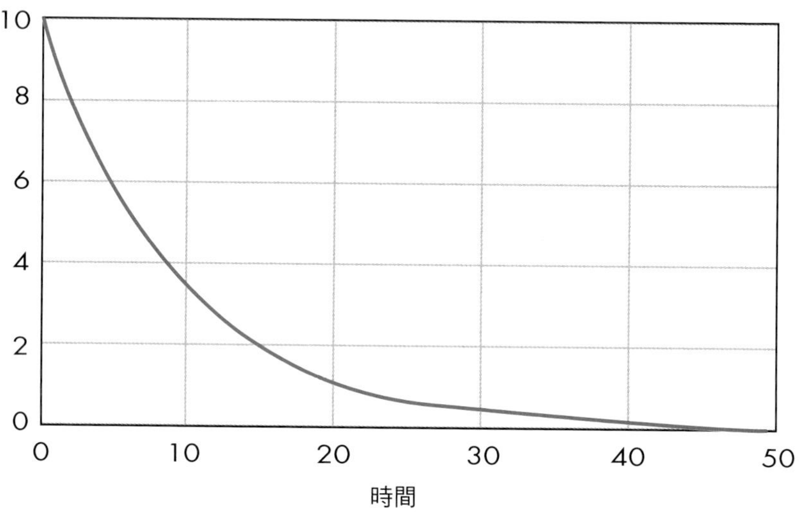

雨打陽台的淋濕過程

時間（分）	未淋濕陽台（m^2）	時間	未淋濕陽台（m^2）
0	10	30	0.49
7	4.94	40	0.18
20	1.34	50	0.06

關於雨打陽台的模型可以歸納為以下幾點：第一，這是一個追求目標為零的調節迴路。第二，陽台被雨水打濕的過程不是線性的，起先快而隨後慢。第三，到達初始值一半所需的時間稱為「半衰期」，本案例為 7 分鐘，請見上表。下雨 7 分鐘後陽台就打濕了一半（5 平方公尺），再過 7 分鐘又打濕一半，依此類推最後到接近零。「半衰期」與增強回饋的「倍增」時間相對應，一個是形容衰退過程的先快後慢，一個是形容增長過程的越來越快。

5-2-4 你能記住多少朋友的名字？

（一）請問貴庚，你能記住多少朋友的名字？

有一本書名為《150 法則：從演化角度解密人類的社會行為》，是由英國牛津大學的人類學家羅賓．鄧巴（Robin Dunbar）所著。鄧巴說由於人類大腦皮質的容量限制，人類擁有穩定社交的人數約為 150 人。其中，分別為 5 位親密的朋友，15 位好朋友（包括 5 位親密的朋友），50 位一般朋友（包含前二者），150 位熟人（包含全部分類）。可是隨著年齡增長，人的記憶力在下降，150 位好朋友你能記住多少呢？請看下面的模型。

記憶力衰退的 SFD 如下圖，記憶力是存量，遺忘是流出量，如果存在一個最低的記憶容量，那麼**記憶力模型**就是調節型的**向低目標衰減**之過程。

記憶力衰退模擬

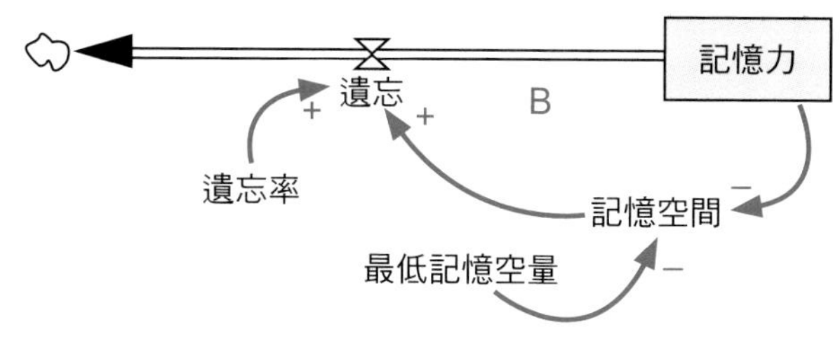

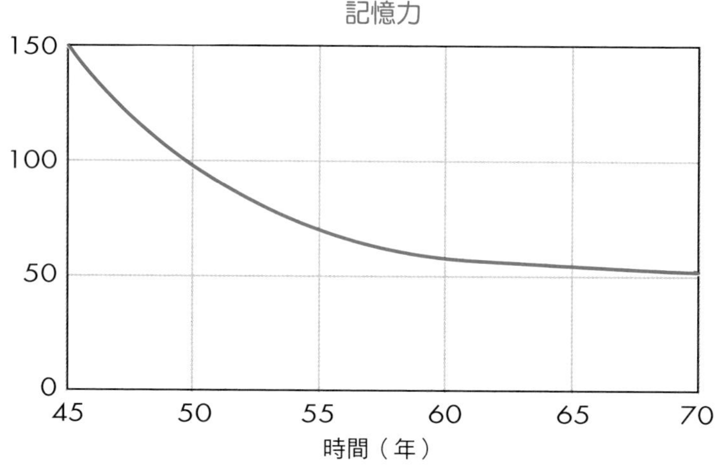

記憶力模擬公式

變量類型	變量名稱	公式	單位
L 存量	記憶力	初始值 150	個
R 流量	遺忘	記憶空間 × 遺忘率	個 / 年
A 輔助變量	記憶空間	記憶力 - 最低記憶容量	個
A 輔助變量	遺忘率	15%	
A 輔助變量	最低記憶容量	50	個
dt 模擬步長和時間	Model settings	dt=1，模擬長度 45-70 歲	

假定你最多能記住 150 個朋友的名字，又假定你記憶逐漸衰退，但至少

可以記住 50 個人名，這個最大和最小的差值叫記憶空間，這是模型中一個重要的連接存量和流量的輔助變量。遺忘是記憶空間的一個部分，遺忘率越大則遺忘越多。此外，遺忘率因人而異。如果 45 歲你能記住 150 個朋友名，假定最少可以記住 50 個人名，又假定遺忘率是 15%，那麼到 70 歲時大約還能記得住 52 個朋友名字，可參見下面圖表。如果遺忘率不是常數而隨年齡變化，可以把它設計成表函數，有關內容見後。

記憶力變化模擬結果

年齡（歲）	記憶（名字數）	年齡（歲）	記憶（名字數）
45	150	60	59
50	90	70	52

5-2-5 買電影票

（一）明星演出的票房情況

Q & A

Q 學生：老師您能講買票的模型嗎？聽說 **2019** 年費玉清的小巨蛋告別演出，**17** 分鐘票就搶光，小巨蛋平均有 **15,000** 個座位耶！

A 老師：好吧，網路購票比較複雜，我們講現場排隊買票的模擬。請大家逐漸養成習慣，先在腦子裡想好因果回饋環 CLD，直接就畫出存流量流程 SFD，它可以隨想隨修改。

台北國父紀念館（大會堂）大約有 35 排座席共 2,518 席，假設有一場演出開放 48 小時售票，問 10 小時後大約賣出多少票？

設計的 SFD 見下圖，賣出的總票數是存量，與此對應，單位時間賣出的票是流

量。總票數與已賣出的票差就是尚未賣出的票，尚未賣出的票除以賣票時間便是每小時的賣出數量，這是流量。一開始總票數與賣出的票數差距大，所以賣出的票數起先成長很快，接著逐漸慢下來並達到飽和。

排隊買票的模擬

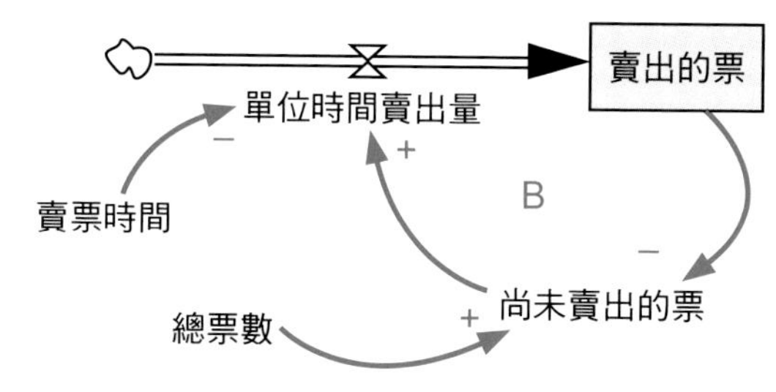

賣出的票

2,000
1,000
0
0 10 20 30 40 50
時間

排隊買票的模擬公式

變量類型	變量名稱	公式	單位
L 存量	賣出的票	初始值 0	張
R 流量	單位時間賣出量	（總票數 - 賣出的票）/ 賣票時間	張 / 小時
A 輔助變量	總票數	2,518	張
A 輔助變量	賣票時間	50	小時
dt 模擬步長和起止時間	Model settings	dt=1，模擬長度 50 小時	

賣票的主要模擬結果

時間	賣出票數
10	478
20	865
30	1,179

5-2-6 銷售成長

（一）這個牌子的襯衫還有嗎？

假定你是百貨公司的櫃檯小姐，負責賣某個牌子的襯衫，老闆對顧客的總數有個估計，各個品牌的競爭也有個估計，那麼襯衫銷售是怎樣成長呢？請看下圖的銷售模型。

銷售成長模擬模型

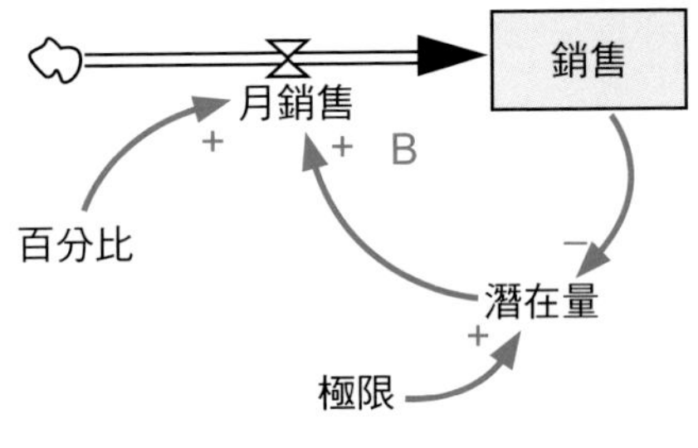

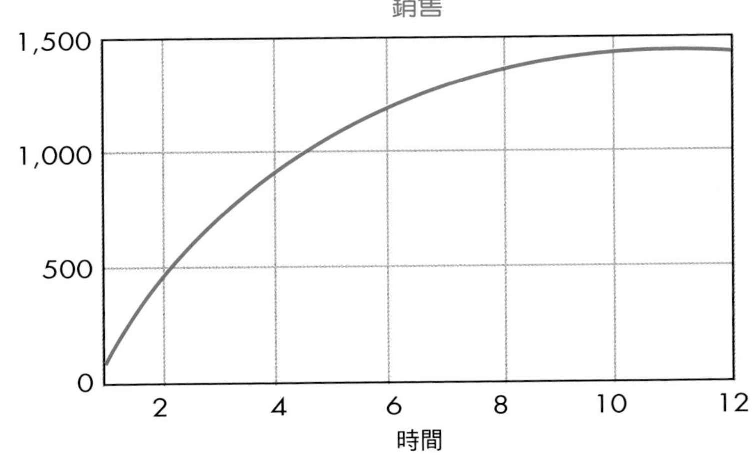

如果把襯衫的累計銷售設計為存量，月銷售量便是流量。假定銷售的極限是 1,500 件，那麼極限與銷售的差便是潛在購買襯衫的顧客數目。這些潛在的客人中有一部分是本櫃檯的客人，表中的輔助變量「百分比」表示本櫃檯客人占潛在客人的比例。下表為銷售模型的公式匯總。

銷售模擬的公式

變量類型	變量名稱	公式	單位
L 存量	銷售	初始值 100	件
R 流量	月銷售量	百分比 × 潛在量	件 / 月
A 輔助變量	潛在量	極限 - 銷售	件
A 輔助變量	極限	1,500	件
A 輔助變量	百分比	30%	小時
dt 模擬步長和時間	Model settings	dt=1，模擬長度 12 月	

如果第一個月賣 100 件，第 4 個月累計銷售為 950 件，超過了全年的半數，第 8 個月累計銷售 1,342 件，已經接近全年的極限 1,500 件。這個模型顯示先快後慢的銷售過程。

襯衫銷售模擬值

月	累計銷售（件）	月	累計銷售（件）
1	100	8	1,342
4	950	12	1,450

總結：最簡單的結構是一個存量和一個流量，加上若干輔助變量的三角關係，有人稱此為系統動力學的「分子」結構。如果這種結構的回饋環是調節型的，即迴路中總共有奇數個負號，那麼它有向高、低兩種目標發展的可能，若向高目標即為增長的行為，

相反，若向低目標即為衰減行為。開會報到、賣票、銷售、調整工資等都是尋找高目標的調節型結構。咖啡冷卻、停車場車空位、調降稅收等都是尋找低目標的調節型結構。和我們的直覺不同，它不是平均的，而是不平均的增長或消退，整個過程是收斂的，和下面就要講到的指數增長完全不同，後者是無限擴張的發散過程。

5-3 增強回饋的指數成長

5-3-1 你會算翻幾番嗎？

Q 學生：指數成長就是馬爾薩斯「人口原理」所說人口的幾何級數增長嗎？

A 老師：對的，它們是同一個公式，只是幾何級數特別指整數倍的成長，大陸地區經常講的「翻一番，翻兩番」就是指以 2 為倍數的幾何級數增長，翻一番是增長一倍，翻兩番就是增長四倍。如果成長並非整數倍，可以統稱為指數成長。GDP（國內生產毛額）、存款利息、人口等過程均可用指數成長模擬。前面幾章講的增強回饋環就是指數成長的系統行為。

5-3-2 存款利息成長

假設彼得 1975 年有 1,000 美元存款，年息 3.5%，45 年後的 2020 年，他去銀行提款，請問彼得拿到多少美元？

彼得存款的增強型回饋關係見下面的 SFD 圖。

彼得的存款

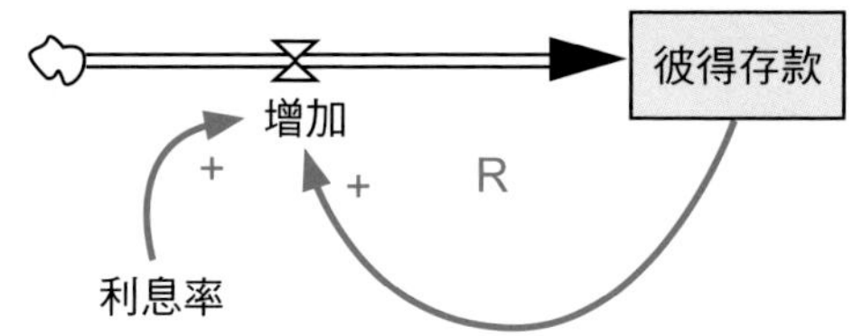

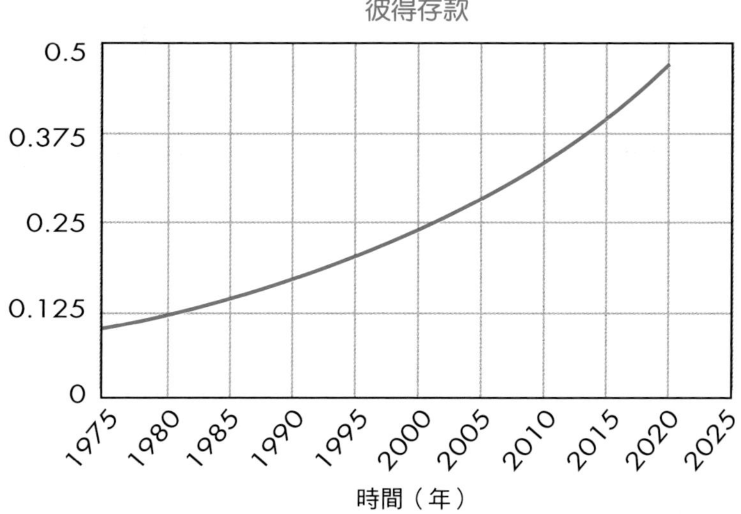

彼得在銀行的存款是存量，每年增加的利息是流量。每年利息的增加數量等於存量（彼得存款）乘利息率。已知存款的初始值為 0.1 萬美元，利息率 3.5%，模擬輸出的指數曲線見圖，數據見下表。

彼得的存款

年	存款（萬美元）	年	存款（萬美元）
1975	0.10	2005	0.28
1985	0.14	2015	0.40
1995	0.20	2020	0.45

以前說過，指數成長的一個重要觀察點是「**倍增時間**」，即存量增加一倍需要的時間，簡單的公式為：

$$倍增時間 = \frac{0.7}{成長率}$$

倍增時間和成長率的關係

成長率（每年%）	倍增時間（年）	成長率（每年%）	倍增時間（年）
0.1	700	4.0	18
0.5	140	5.0	14
1.0	70	7.0	10
2.0	35	10.0	7

彼得存款銀行的利息率為 3.5%，由上述公式算得存款倍增的時間為 0.7/0.035=20 年。由模擬表查到彼得 1975 年在銀行存了 0.1 萬美元，20 年後的 1995 年存款增加了一倍到 0.2 萬美元，再過 20 年後的 2015 年又增加了一倍到 0.4 萬美元，2020 年存款達 0.45 萬美元。彼得 45 年的存款共增加 4.5 倍。

5-3-3　富人的財富

（一）好像月亮追太陽

比爾．蓋茲 1975 年與保羅一起創立了微軟公司，據說出資 1,000 美元，根據《富比士》2020 年 9 月公布的美國前 400 大富豪排名榜（Forbes 400）資料，比爾．蓋茲該年排名第 2 名，資產達 1,110 億美元，45 年間資產增長了 1.11 億倍，與上面彼得的存款比較起來簡直是天文數字！

比爾．蓋茲財產增長的存流量流程見下圖。

比爾・蓋茲的財產增長

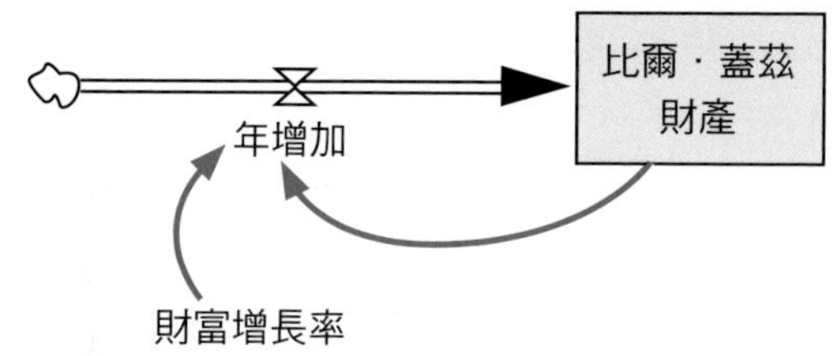

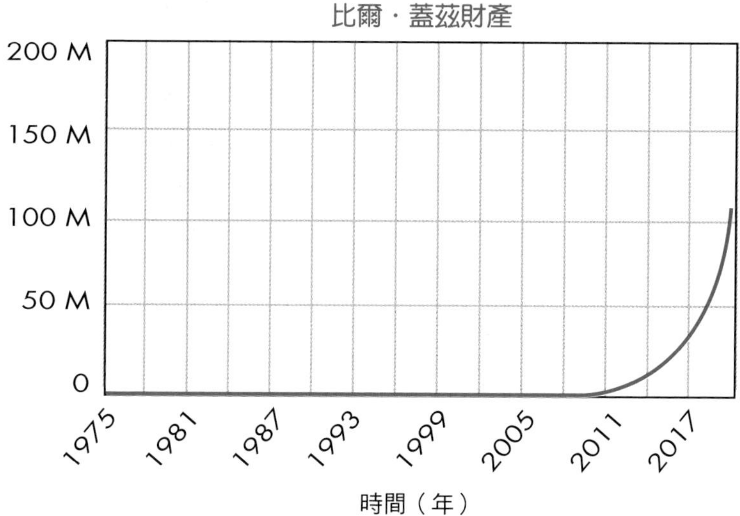

比爾・蓋茲財產增長的結構很簡單，存量的初始值為 1,000 美元，流量為「年增加」，它等於存量「比爾・蓋茲財產」乘輔助變量「財富增長率」。經過換算可以求出比爾・蓋茲的財產增長率是 51.4%。請注意，指數曲線其縱坐標的單位為 1,000 美元。模擬的主要數據見下表。

比爾・蓋茲的財產模擬值

年	財產（千美元）	年	財產（千美元）
1975	1	2005	234,000
1985	61.63	2015	14,420,000
1995	3,798	2020	113,000,000

上例的彼得存款 20 年倍增一次，而比爾．蓋茲財產增加一倍的時間只要 0.7/0.51=1.37 年，也就是每 16 個月翻一番。大陸瑤族有個歌謠：窮人追富人好比月亮趕太陽，一世也趕不上！

總結：指數增長最大的特點有兩個，第一是發散，它的發展沒有邊界的限制；第二是倍增的時間固定，因此它的發展速度越來越快。長時期連續不斷的指數發展，將耗盡系統的能源，最後導致崩潰。日常見到的都是局部和短暫的指數增長現象。

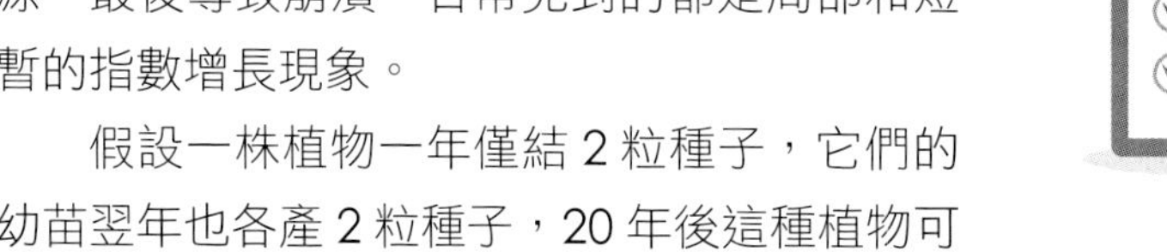

假設一株植物一年僅結 2 粒種子，它們的幼苗翌年也各產 2 粒種子，20 年後這種植物可達 100 萬株。再以繁殖慢的大象為例，假定大象的生育從 30 歲到 90 歲，共計生產 3 對雌雄小象，500 年後就會有 1,500 萬隻的大象存活。如果地球上的生物完全服從指數定律，地球早就被某一物種占滿，何有今日的生物多樣性。

5-4 S 型增長結構

5-4-1 適可而止，中庸之道

Q & A

Q 學生：老師，S 型曲線是不是也叫生命週期曲線，有沒有故事講給我們聽？

A 老師：S 曲線確實也叫生命週期曲線，它的來源與馬爾薩斯人口幾何級數增長的爭論有關，這裡有個小故事。馬爾薩斯 1798 年發表的《人口原理》影響了許多學者，其中包含兩位歐洲的學者，有一位是大家知道的**達爾文**。1859 年達爾文 50 歲發表曠世巨作《物種起源》，這本書花了 20 年時間才發表，因他顧慮很多，而當他看到馬爾薩斯的人口幾何級數成長、食物算術級數成長的論述後，他不再猶豫了，他相信他的「適者生存」概念是對的。

馬爾薩斯還影響到很多人較不知道的第二位歐洲學者，即比利時數學家**費哈斯特**（Francois Verhulst, 1804-1849），他比達爾文小四歲，在他 34 歲那年修正了馬爾薩斯的人口公式，因為馬氏的幾何級數公式高估了人口數量。費哈斯特把他的修正公式稱為「Logistic Function」，為什麼要叫這個名字沒有人知道，估計和古希臘文有關，許多人翻譯成「後勤曲線」是錯誤的，保守的翻譯是音譯「邏輯曲線」，而其實還是叫「S 型曲線」最好。

Pierre-FrançoisVerhulst（1804-1849）

1838 年費哈斯特發表論文的期刊

如果用 P 代表人口，dP 代表人口增加，a 代表人口增加率，馬爾薩斯計算人口增加的公式如下：

$$dP = a \times P$$

這個公式計算結果偏高，如何小修正呢？有一個叫**凱特勒**（Lambert Adolphe Jacques Quetelet, 1796-1874）的學者，同樣也是比利時人，比費哈斯特大八歲，是比利時的通才，他既是統計學家、數學家，也是天文學家家，他是「**身體質量指數**」（BMI, Body Mass Index）的發明人，身體質量指數等於體重除以身高的平方，這個指標一百多年以來一直在應用（台灣健康署建議國人的身體質量指數是 18.5 到 24 之間）。話說回來，凱特勒主張對馬爾薩斯公式除以「阻力係數」，而此阻力與人口成長速度的平方有關，但計算的結果又偏小。

凱特勒的失敗為費哈斯特找到對的路線增加了機會，費哈斯特既要考慮人口指數增長的一面，也必須考慮增長阻力加大的另一面，為此他引入了一個重要的概念「**人口極限**」，當人口越接近人口極限 K，增長的阻力就越大。費哈斯特使用了（1 - P/K）作為修正係數，即：

$$dP = a \times P \times (1 - P/K)$$

公式右端第三項修正係數（1 - P/K）表現了負回饋關係，人口量 P 越大，P/K 則越大，因此（1 - P/K）越小。當 P 等於極限 K 時，修正係數等於零，成長停止。請注意，當 P 很小時，修正係數的值趨於 1，因此在成長初期 S 成長和指數成長是相同的。

5-4-2 費哈斯特的人口模型

(一) 費哈斯特的 S 型人口模型可以解釋人口歷史

Ⓐ老　師：哪位同學能畫出費哈斯特人口模型的存流量流程圖？

Ⓠ學生甲：我的設計如下圖不知道對不對？

Ⓐ老　師：很好，你已經弄懂了怎樣用存量、流量和輔助變量的三角關係來解釋增強回饋和調節回饋的構造了。

費哈斯特的修正

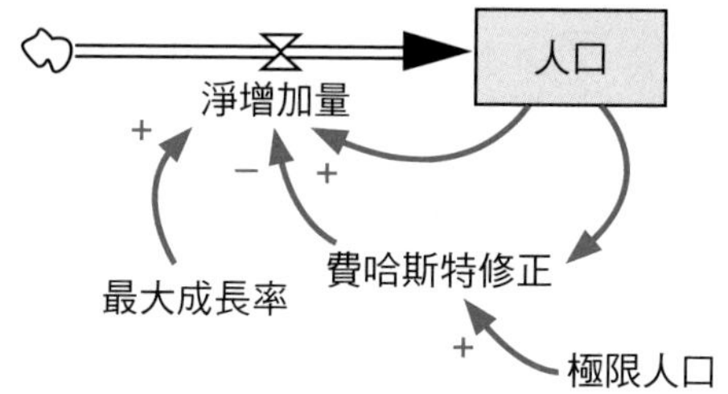

請注意圖中的流量名稱，為什麼不叫「增加量」而叫「淨增加量」？因為人口學中有兩個增加量：出生增加量和死亡增加量，此二者的差即是淨增加量。上圖的結構中如果去掉「費哈斯特修正」和「極限人口」兩個變量，那就是馬爾薩斯指數增長的模型。

費哈斯特人口模型的公式匯總於下表。

費哈斯特人口模型公式匯總

變量類型	變量名稱	公式	單位
L 存量	人口	初始值 100	人
R 流量	淨增加量	人口 × 最大成長率 × 費哈斯特修正	人 / 年
A 輔助變量	最大成長率	7%	
A 輔助變量	費哈斯特修正	（1 - 人口 / 極限人口）	
A 輔助變量	極限人口	4,000	人
dt 模擬步長和時間	Model settings	dt=1，模擬長度 100 年	

模擬曲線見圖。

費哈斯特 S 型人口曲線

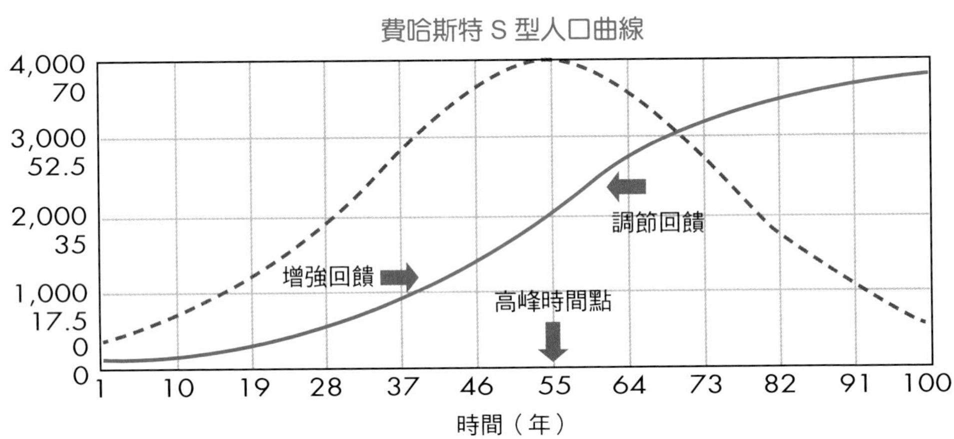

S 型曲線根據轉折點把發展過程分為兩大階段，在轉折點之前發展加速，在轉折點之後發展減速，最終人口趨近極限人口而發展結束，任何生物和事件的發展都符合這個過程，故而 S 型曲線又可稱為生命週期曲線。

有四個要點必須念念不忘，第一，S 曲線是收斂的，其極限值為曲線的漸近線，極限值常稱為 S 曲線的「天花板」。第二，當存量是 S 型曲線時，流量一定是鐘型曲線，所謂鐘型，意思是這種曲線有一個高峰，高峰兩側數據對稱；在高峰之前流量是增加的，在高峰之後流量是減少的。第三，流量的高峰時間和 S 型曲線發生轉折的時間是重疊的，這個時間的存量正好是天花板的一半。第四，存量和流量的關係是最典型的微積分關係，存量是流量的積分，流量是存量的微分。

S 型人口模擬數據

年	淨增加人口（人）	人口（人）	年	淨增加人口（人）	人口（人）
1	7	100	55	70	2,035
20	22	341	80	34	3,435
40	55	1,071	100	11	4,000

5-4-3 兔子和環境容量、表函數

（一）一千平方公尺方圓之內最多有多少兔子

兔子自然繁殖數量也可以用 S 曲線來模擬，以下我們介紹「表函數」的實用方法。這個模型共有七個變量，全部流程見下圖。狀態變量「兔子」兩端是流入量和流出量，流入量和流出量的差便是淨增加量。兔子模型中有一個與 S 曲線天花板相對應的參數，環境容量即兔子最大的活動空間。環境容量決定兔子的擁擠係數，擁擠係數是各家研究的重點，本模型使用系統動力學獨特的表函數方法。稍後我們看到模擬公式匯總表。

兔子繁殖的 S 型成長

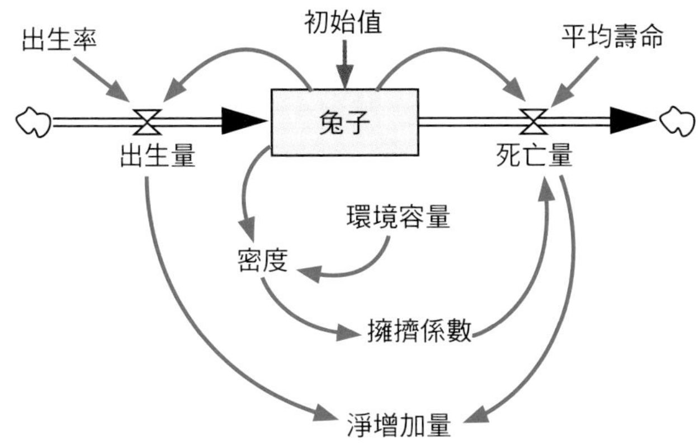

初始值
出生率
平均壽命
兔子
出生量
死亡量
環境容量
密度
擁擠係數
淨增加量

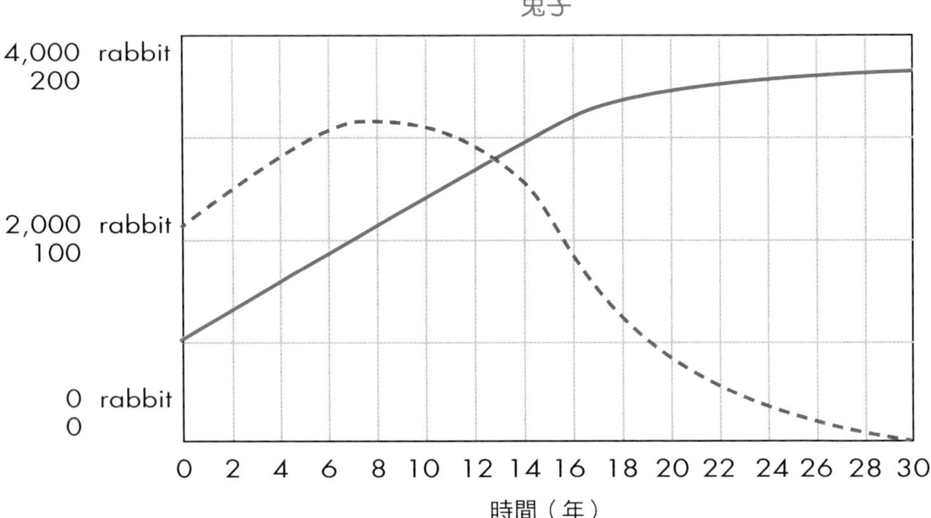

兔子
4,000 rabbit
200
2,000 rabbit
100
0 rabbit
0
0 2 4 6 8 10 12 14 16 18 20 22 24 26 28 30
時間（年）
兔子：Current vdfx rabbit
淨增加量：Current vdfx

兔子繁殖模擬公式

變量類型	變量名稱	公式	單位
L 存量	兔子	初始值 1,000	隻
R 流量	淨增加量	出生量 - 死亡量	隻 / 月
R 流量	出生量	兔子 × 出生率	隻 / 月
R 流量	死亡量	（兔子 / 平均壽命）× 擁擠係數	隻 / 月
A 輔助變量	出生率	0.23	1/ 月
A 輔助變量	平均壽命	8	月
A 輔助變量	環境容量	1,000	平方公尺
A 輔助變量	密度	兔子 / 環境容量	隻 / 平方公尺
T 表函數	擁擠係數	（0,0.9），（1,1），（2,1.2），（3,1.5），（4,2）	
dt 模擬步長和時間	Model settings	dt=1，模擬長度 30 月	

請注意，如果不考慮環境容量，兔子的死亡量等於兔子的數目除以平均壽命，考慮到兔子越多越擁擠，兔子的壽命越短。擁擠的影響用表函數（Table Function）表達。下圖是本例的設計，該圖橫坐標為密度，縱坐標為擁擠係數。數據輸入可利用圖左側底部的「NEW」按鈕，應輸入兩個數，第一個數是橫坐標的值，第二個數是縱坐標的值。例如圖中第一個點，先輸入 0 然後輸入 0.9，第二個點，先輸入 1 然後再輸入 1，第三個點，先輸入 2 然後輸入 1.2，用同樣的方法完成第四點和第五點的數據輸入。

表的第九行是表函數公式，所陳列的數據是下圖各點的坐標值，例如（1,1）表示橫坐標為 1 時縱坐標為 1，（2,1.2）表示橫坐標 2 時縱坐標為 1.2 等等。表函數是系統動力學的獨到方法，用它來模擬複雜的非線性關係十分方便。

表函數擁擠係數的圖解

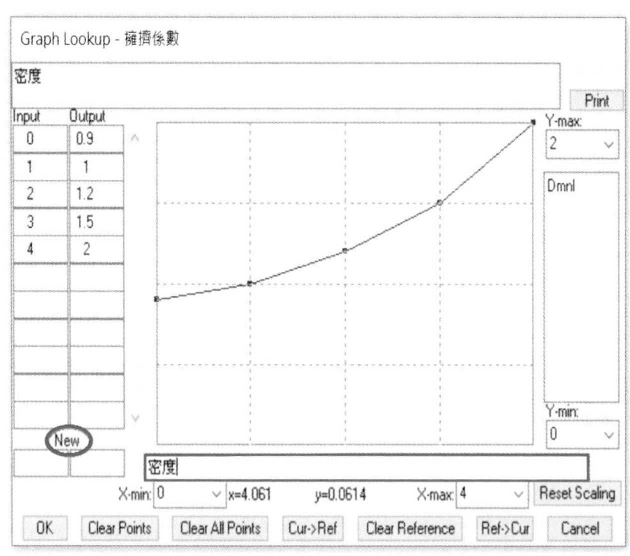

我們看到密度越大，擁擠係數越大，兔子的死亡量越大；當死亡量與出生量相等時，兔子的數目就不再變化，這種情況稱為動平衡，好像水箱中水位不變化，但水還在不斷地流動，只是流入量和流出量相等。從模擬結果圖右圖的實線條看到兔子繁殖的 S 型成長過程，先慢後快最後飽和。圖中的虛線條是兔子的淨增加量，它的高峰大約出現在第八個月左右。

老師總結：我們討論了兩種模擬 S 曲線的方法，第一種是利用費哈斯特修正係數，比較適合理論曲線的探討；第二種是利用表函數方法，比較適合經驗曲線的探討。S 曲線應用十分廣泛，如流行病傳染、謠言的擴散、產品週期、旅遊目的地的盛衰、國家的起落等等。

（二）超然的 S 曲線判斷中國崛起超越美日

Q & A

Q 學生 Daniel：聽說利用 S 型曲線的高峰時間和極限值，可以做長期的人口和國力預測。

A 老　師：一點也不錯。波蘭弗羅茨瓦夫大學（Wroclaw University）的克瓦西茨基教授（Witold Kwasnicki），根據 S 曲線的天花板和高峰時間推估世界人口和中國的大國崛起。下面有兩張圖，前一張圖是世界人口，後一張圖是中國的競爭力比較，我們先看世界人口。克瓦西茨基估計世界人口的天花板是 93 億人，高峰時間是 1982 年，因此 1982 年以後世界人口的發展是減速的，目前正處在人口的收斂階段，不過聯合國的人口模型並非如此。

關於國家層級的競爭力如各國的 GDP，克瓦西茨基認為也是按 S 曲線發展的，各國 GDP 占世界的比例也是 S 曲線，後者可稱為國際競爭力。據克瓦西茨基統計**西方國家**（包含英美德日加等）占全球 GDP 的百分比曲線（下面第二張模擬圖的淡實線）已處於下降階段，除西方和中國以外的其他國家，他們的百分比曲線（虛線）1980 年左右處於高峰，目前也處在下降階段，只有**中國的百分比曲線**（重實線）目前處在**上升階段**，估計 2025 年左右三條曲線相交，屆時世界經濟三分天下各占 33%，2025 年後就中國獨大了，中國 GDP 占世界的比例將超過 1/3，中國 GDP 本身將超過任何國家。超然的 S 曲線的分析方法，比中美雙方各執一詞更有説服力。

世界人口 S 曲線圖和中國的競爭力

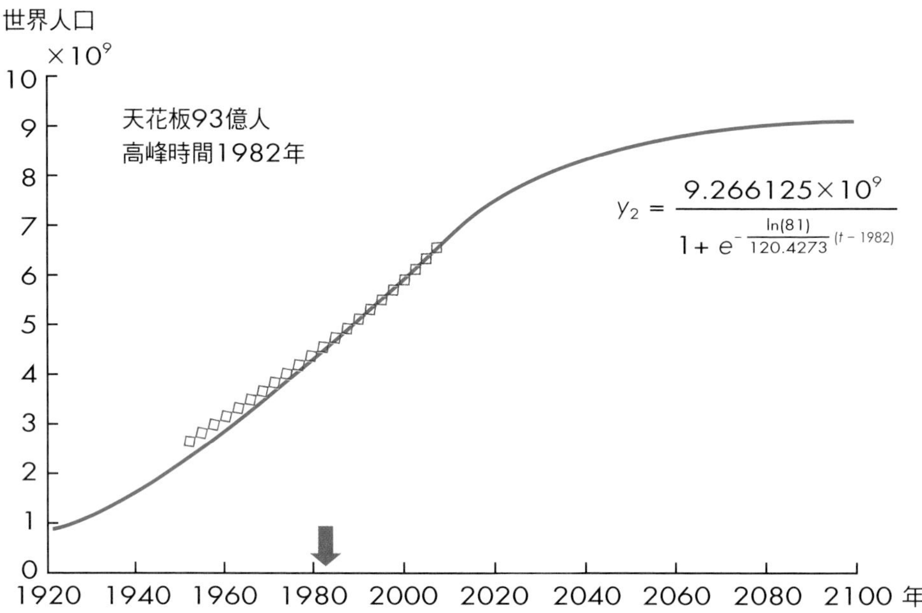

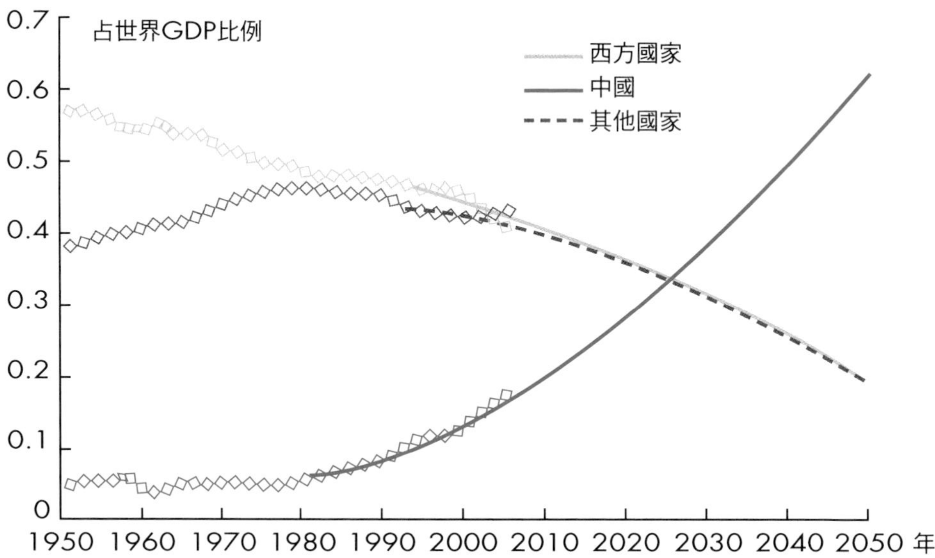

5-5 振盪結構

5-5-1 為什麼此起彼伏

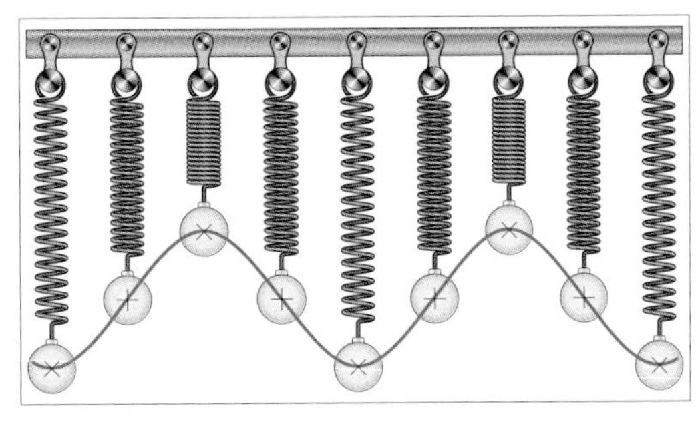

振盪本來是物理術語，現在也廣泛用於生物和社會，如果指的是一件事，那麼振盪就是圍繞某個中心點的上下波動，例如彈簧、物價；如果指的是一件事以上的現象，那麼振盪就是此起彼落的描述，例如生物振盪、治安振盪等。此前我們所討論的都是一個存量的問題，現在要討論兩個或多個存量的問題，一個存量不會發生振盪的現象。

5-5-2 亂世佳人，愛情的愛與不愛的振盪模擬

電影《亂世佳人》（*Gone with the Wind*）是 1939 年出品的大片，1940 年獲第 12 屆奧斯卡金像獎。男女主角白瑞德（Rhett Butler）和郝思嘉（Scarlett O'Hara）的愛情故事是關於愛情的愛與不愛的好樣板。白和郝的愛情十分複雜，有的時候是白追郝，郝半推半就，有的時候又相反，郝主動而白遷就，真是剪不斷理還亂的一場振盪遊戲。下圖是白郝愛情模擬的 SFD，這個系統十分簡單，有兩個存量表示兩位主角的愛，與存量對應有兩個表示愛情變化的流量。最關鍵的是，兩個存量對彼此的流量交叉影響，模擬公式匯總於公式表。

白瑞德與郝思嘉的愛情振盪

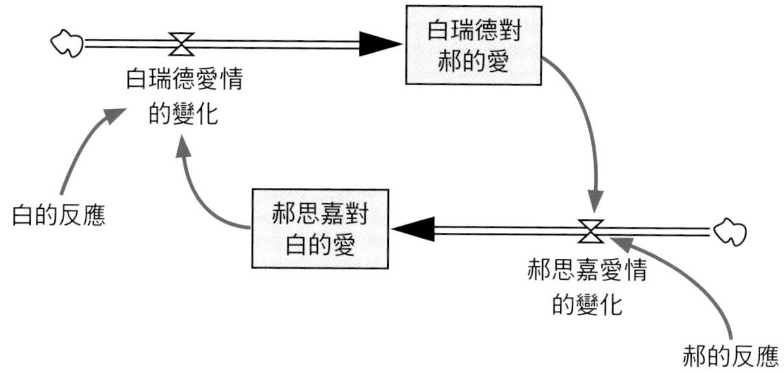

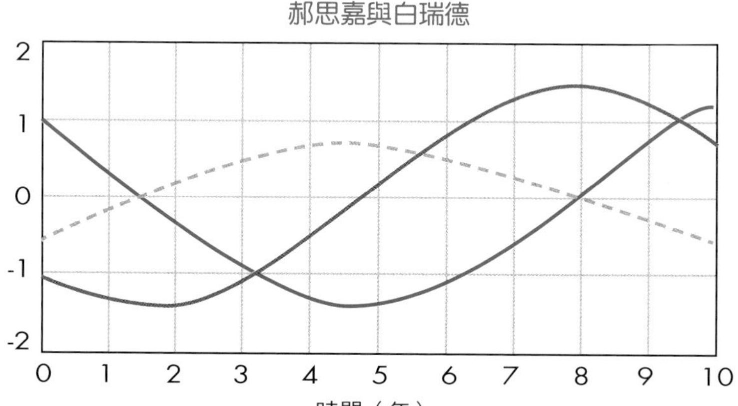

白瑞德與郝思嘉愛情模擬的公式

變量類型	變量名稱	公式	單位
L 存量	白瑞德對郝的愛	初始值 1	愛的單位
L 存量	郝思嘉對白的愛	初始值 -1	愛的單位
R 流量	白瑞德愛情的變化	郝思嘉對白的愛 × 白的反應	單位 / 月
R 流量	郝思嘉愛情的變化	白瑞德對郝的愛 × 郝的反應	單位 / 月
A 輔助變量	白的反應	0.5	
A 輔助變量	郝的反應	-0.5	
dt 模擬步長和時間	Model settings	dt=0.125，AK4 演算法，模擬長度 20 月	

請注意流量方程與對方的存量有關，例如白瑞德愛情的變化等於「郝思嘉對白的愛」乘「白的反應」，因此流量隨對方的存量而變化，這個過程如上面的模擬圖所展示。藍線表示白瑞德對郝思嘉的愛情波動，黑線表示郝思嘉對白瑞德的愛情波動，兩條曲線此起彼伏，兩位主角究竟是愛還是不愛呢？

5-5-3　捕食者與獵物

（一）生物競爭並非滅絕

為什麼有天敵的生物仍未滅絕於世？當我們仔細觀察自然，不難發現捕食者與獵物之間的關係十分玄妙，他們往往是此起彼伏的振盪，而非一個滅絕另一個。下圖是一張關於狐狸和兔子生物振盪的存流量流程圖，圖中變量的公式見公式匯總表。

狐狸與兔子的振盪模擬

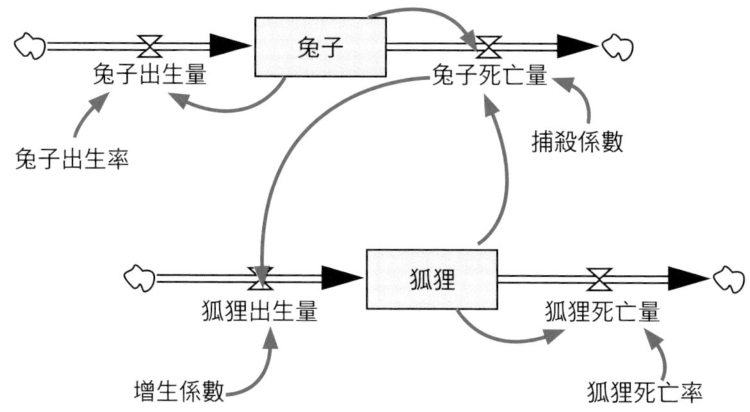
兔子
兔子出生量
兔子死亡量
兔子出生率
捕殺係數
狐狸
狐狸出生量
狐狸死亡量
增生係數
狐狸死亡率

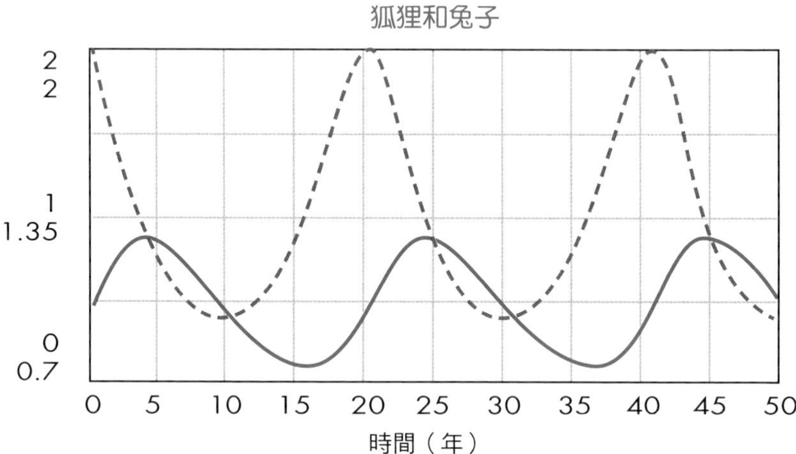
狐狸和兔子
2
2
1
1.35
0
0.7
0 5 10 15 20 25 30 35 40 45 50
時間（年）
兔子：Current vdfx
狐狸：Current vdfx

上一節曾經指出，二階系統的振盪與存量對流量的交叉影響有關，從上圖可以看見狐狸的存量影響到兔子的死亡量，而兔子的死亡量又影響到狐狸的出生量。當狐狸多起來而兔子變少後，狐狸的繁殖減緩，不久狐狸變少，當狐狸變少後，兔子的死亡減小，兔子又多起來。這就是天敵狐狸與獵物兔子之間此起彼伏的生物振盪。模擬公式見下表。

狐狸與兔子生物振盪的模擬公式

變量類型	變量名稱	公式	單位
L 存量	兔子	初始值 2	隻
L 存量	狐狸	初始值 1	隻
R 流量	兔子出生量	兔子 × 兔子出生率	隻 / 月
R 流量	狐狸出生量	兔子死亡量 × 增生係數	隻 / 月
R 流量	兔子死亡量	兔子 × 狐狸 × 捕殺係數	隻 / 月
R 流量	狐狸死亡量	狐狸 × 狐狸死亡率	隻 / 月
A 輔助變量	兔子出生率	1	
A 輔助變量	狐狸死亡率	0.1	
A 輔助變量	捕殺係數	1	
dt 模擬步長和時間	Model settings	dt=0.125，AK4 演算法，模擬長度 50 月	

5-5-4 理想與現實的振盪

（一）理想常受挫折

Q 老　師：許多哲學的故事都在陳述柏拉圖是理想主義，而他的學生亞里斯多德是現實主義。義大利文藝復興大畫家拉斐爾的巨作《雅典學院》，描畫了五十多個古希臘學者的肖像，請看圖的中心就是柏拉圖和亞里斯多德，柏拉圖手指天空，在他身邊的學生亞里斯多德手指前方，好像也在說柏拉圖是理想派，而亞里斯多德是當前派。你們怎樣看理想與現實呢？

拉斐爾的巨作《雅典學院》

A 學生 Sophie：有人生下來就是柏拉圖的理想主義，也有人生下來就是亞里斯多德的現實主義。

A 學生 Chong：我不知道生下來的時候是什麼主義，但我知道現在兩種主義都有，我必須兼顧理想與現實。

A 老　師：拋開哲學的命題，理想和現實是互動的系統，就好像獵物和捕食者的生態系統一樣。我來問大家，理想與現實誰是獵物，誰是捕食者？今天我們就來講講如何用系統動力學模型模擬理想與現實這個有趣的問題。

現狀與理想二者間的關係，也可以用兩個存量對彼此流量的非對稱影響來模擬，請見下圖。

理想與現狀的 SFD

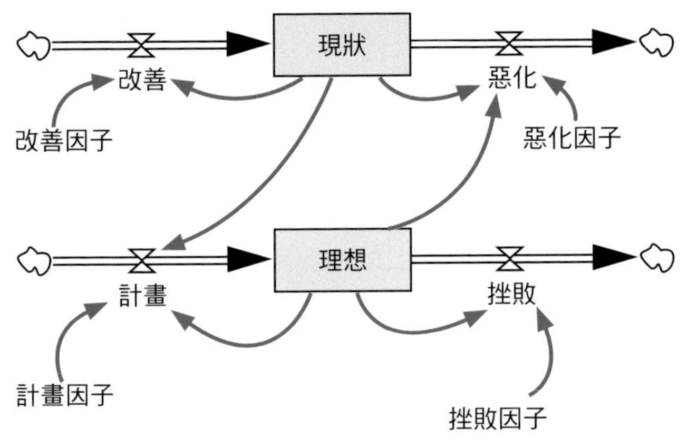

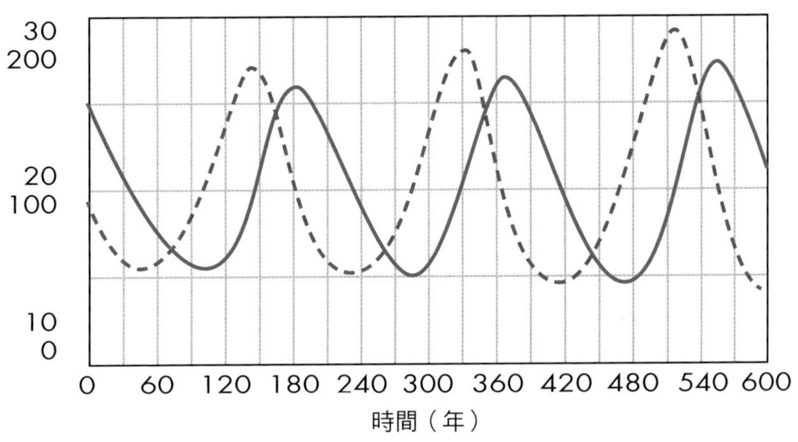

由上圖可見「現狀」的存量影響「理想」的流入量，而「理想」的存量影響「現狀」的流出量。於是這兩個存量相互振盪。從生態的角度觀察，**現狀是理想的獵物**。對應的模擬公式見下表。

理想與現狀的模擬公式

變量類型	變量名稱	公式	單位
L 存量	現狀	初始值 100	某單位
L 存量	理想	初始值 25	某單位
R 流量	改善	現狀 × 改善因數	單位 / 時間
R 流量	惡化	現狀 × 理想 × 惡化因數	單位 / 時間
R 流量	計畫	現狀 × 理想 × 計畫因數	單位 / 時間
R 流量	挫敗	理想 × 挫敗因數	單位 / 時間
A 輔助變量	改善因數	0.08	
A 輔助變量	惡化因數	0.004	
A 輔助變量	計畫因數	0.00015	
A 輔助變量	挫敗因數	0.015	
dt 模擬步長和時間	Model settings	dt=1，模擬長度 600 年	

5-5-5 產量與庫存的振盪

（一）為什麼要排隊？產品銷售末端的振盪

庫存是生產鏈管理的基本內容，因為生產需要時間，產量不可能與市場需求量同步，因而庫存出現波動，時而商品過多時而不足。下圖是庫存波動的SFD，各變量公式見匯總表。

產量與庫存振盪

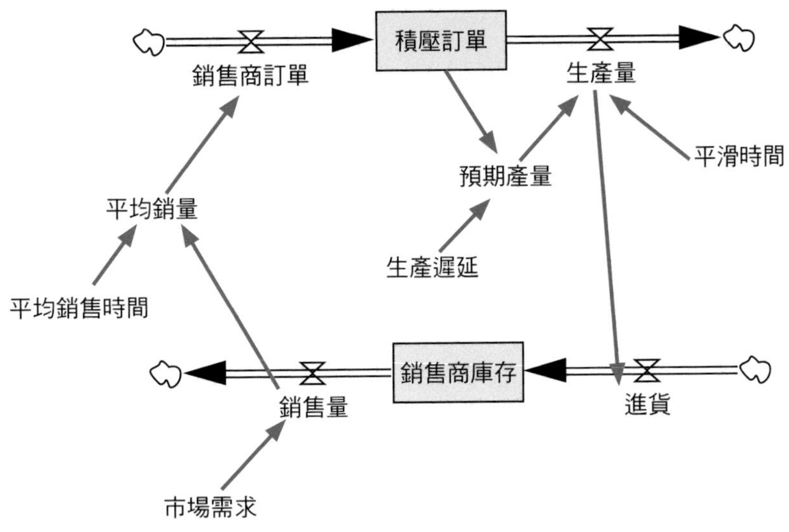

積壓訂單
銷售商訂單
生產量
預期產量
平滑時間
平均銷量
生產遲延
平均銷售時間
銷售商庫存
銷售量
進貨
市場需求

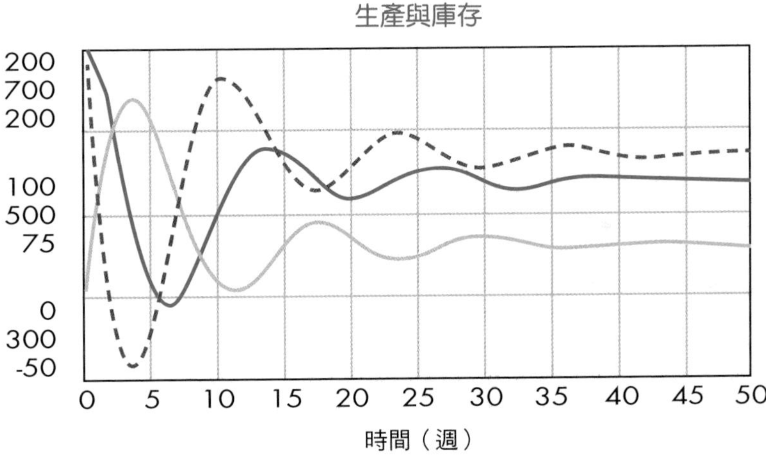

生產與庫存
200
700
200
100
500
75
0
300
-50
0
5
10
15
20
25
30
35
40
45
50
時間（週）
生產量：Current vdfx
銷售商庫存：Current vdfx
積壓訂單：Current vdfx

庫存振盪的模擬公式

變量類型	變量名稱	公式	單位
L 存量	積壓訂單	初始值 200	件
L 存量	銷售商庫存	初始值 25	件
R 流量	銷售商訂單	平均銷量	件 / 週
R 流量	生產量	SMOOTH（預期產量，平滑時間）	件 / 週
R 流量	銷售量	市場需求	件 / 週
R 流量	進貨	生產量	件 / 週
A 輔助變量	市場需求	100+STEP（20, 10）	件 / 週
A 輔助變量	預期產量	積壓訂單 / 生產遲延	件 / 週
A 輔助變量	生產遲延	1	週
A 輔助變量	平滑時間	4	週
A 輔助變量	平均銷售時間	1	週
dt 模擬步長和時間	Model settings	dt=1，模擬長度 50 週	

銷售商的訂單啟動了生產，當生產量小於銷售商的訂單，則訂單積壓。而生產量取決於預期產量，預期的產量就是為了消化積壓的訂單。我們需要注意預期產量是一個波動的數列，因此需要平滑，為此使用了軟體內建的平滑函數 SMOOTH，請看公式匯總表第四列數據的公式，生產量 =SMOOTH（預期產量，平滑時間），平滑時間為 4 週，意思是生產量等於平滑時間 4 週的預期產量。在銷售商庫存方面，來自工廠的產量就是庫存的進貨，由市場決定的銷售量是庫存的流出。

市場需求由台階函數表示，即 100+STEP（20, 10），意思是第 10 週開始每週銷量由 100 件增加到 120 件。銷售的平均值便是存量「積壓訂單」的流入量。與上例不同，它們不是存量對流量的交叉影響，而是流量的彼此影響，第一個變量的流出量影響第二個變量的流入量，第二個變量的流出量影響第一個變量的流入量。請注意，本例的振盪是衰減振盪，即振盪的幅度越來越小而至最後停止，請見模擬曲線圖，三個變量：生產量、零售商庫存和積壓訂單一開始大幅度波動，大約 25 週後平靜下來。而愛與不愛模擬的振盪是持續的，對於振盪的兩種類型，一種衰減、另一種持續，模擬式需要區別對待。

5-6 過載與崩潰，鹿群是怎樣消失的

一塊鐵在壓力機下受壓，開始變形，產生力學中所謂的位移，最後因為超過它所能承受的極限而斷裂，鐵的這種破壞應力稱為鐵的材料強度。一艘船超過它的吃水線，無疑最終沉沒海底。當然，地球這種物理性毀滅不可能發生，然而地球的生態性毀滅卻大有可能出現。

5-6-1 鹿群消失

1907 年美國羅斯福總統決定成立美國大峽谷國家公園，凱巴布高原包含在其內。為了保護生態因此禁止獵鹿，但鼓勵獵撲美洲豹、北美野狼、美洲野貓、美洲獅和鹿群的其他天敵，這項政策很快奏效，1910 年至少有 500 隻美洲豹落入陷阱或遭獵殺，鹿的天敵減少，鹿群高速成長，15 年內鹿群由 1907 年的 5,000 隻增長到 50,000 隻。當時森林管理機構警告，鹿群這樣瘋狂增長必定會耗盡高原上鹿群賴以為生的食物。果然，1924 到 1925 年冬，凱巴布高原上有 60% 的鹿群餓死。本模型可用於許多物種消失的模擬，模型設兩個存量，一為鹿群的數目（Deer），另一為鹿的食物（Vegetation），結構如下圖，本模型並不考慮鹿群的天敵，鹿群仍可能因過度繁殖或人類侵略引起的資源圈縮小而威脅到根本的生存，台灣獼猴與人類居住圈不斷糾纏的故事就是事態發展的訊號。

鹿群消失模型

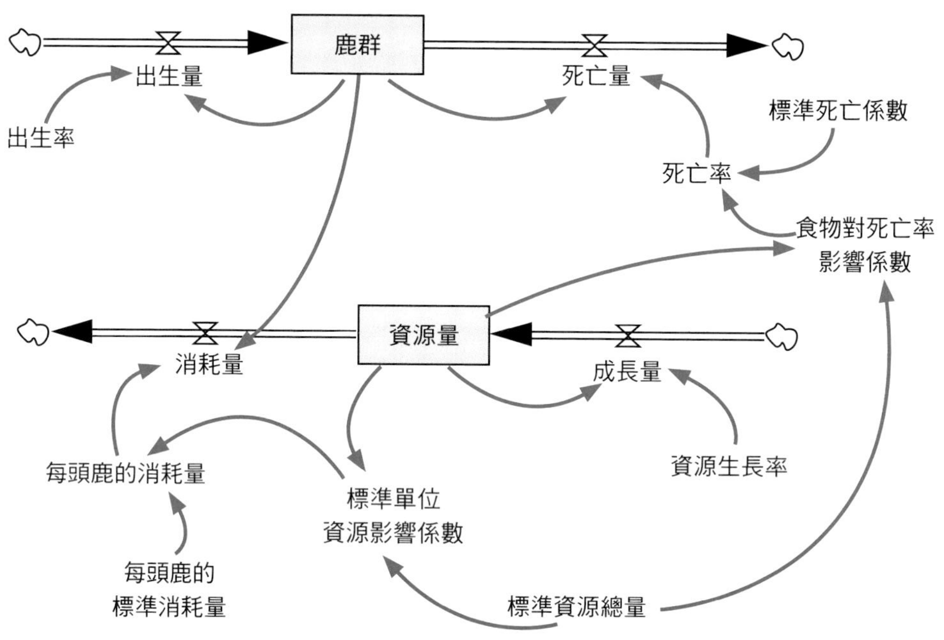

鹿群消失模型公式

類型	名稱	公式	單位
L	鹿群	初始值 = 100	頭
R	出生量	出生率 * 鹿群	頭 / 年
C	出生率	0.5	1/ 年
R	死亡量	死亡率 * 鹿群	頭 / 年
A	死亡率	標準死亡係數 * 食物對死亡率影響係數	1/ 年
C	標準死亡係數	0.1	無
T	食物對死亡率影響係數	橫坐標：資源量 / 標準資源總量 (0,10),(0.1,7.15),(0.2,5.05),(0.3,3.15),(0.4,2.15),(0.5,1.6),(0.6,1.35),(0.7,1.15),(0.8,1.05),(0.9,1),(1,1)	無

類型	名稱	公式	單位
L	資源量	初始值 = 10000	單位
R	消耗量	每頭鹿的消耗量 * 鹿群	單位 / 年
R	成長量	資源生長率 * 資源量	單位 / 年
C	資源生長率	0.1	1/ 年
A	每頭鹿的消耗量	標準單位資源影響係數 * 每頭鹿的標準消耗量	單位 / 鹿 / 年
C	每頭鹿的標準消耗量	1	1/ 年
T	標準單位資源影響係數	橫坐標：資源量 / 標準資源總量 (0,0),(0.1,0.305),(0.2,0.545),(0.3,0.72),(0.4,0.835),(0.5,0.905),(0.6,0.945),(0.7,0.97),(0.8,0.985),(0.9,1),(1,1)	無
C	標準資源總量	10000	單位
dt	模擬設定	dt=0.25，Euler 算法，模擬時間 0-20 年	

模擬結果如下圖。

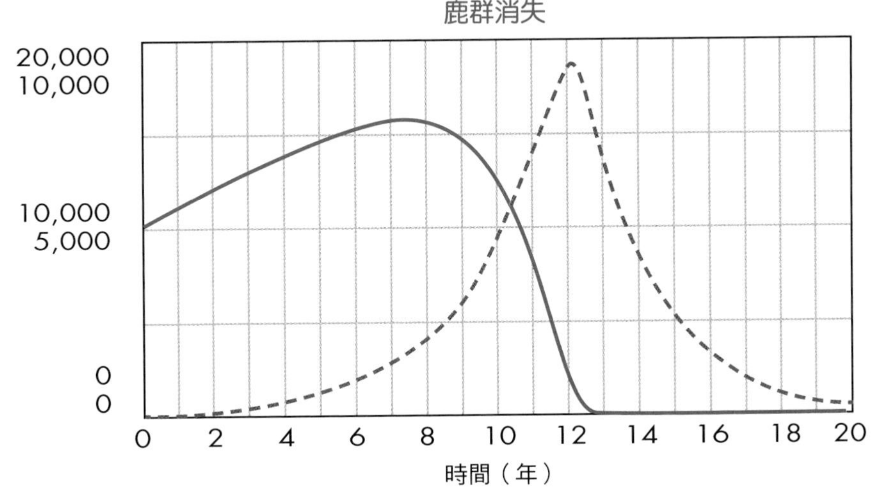

5-6-2 石油耗竭

（一）沒有源源不斷這種事

石油是非再生資源，因此隨著油井數目的增加、石油開採量的增加，資源逐漸枯竭。工作油井是石油油田的最基本生產單位。在油田的生命週期內，工作油井的數目是一條倒 U 型曲線，由少而多，直至到達某個高峰後則由多而少。石油模型的流程圖如下圖。

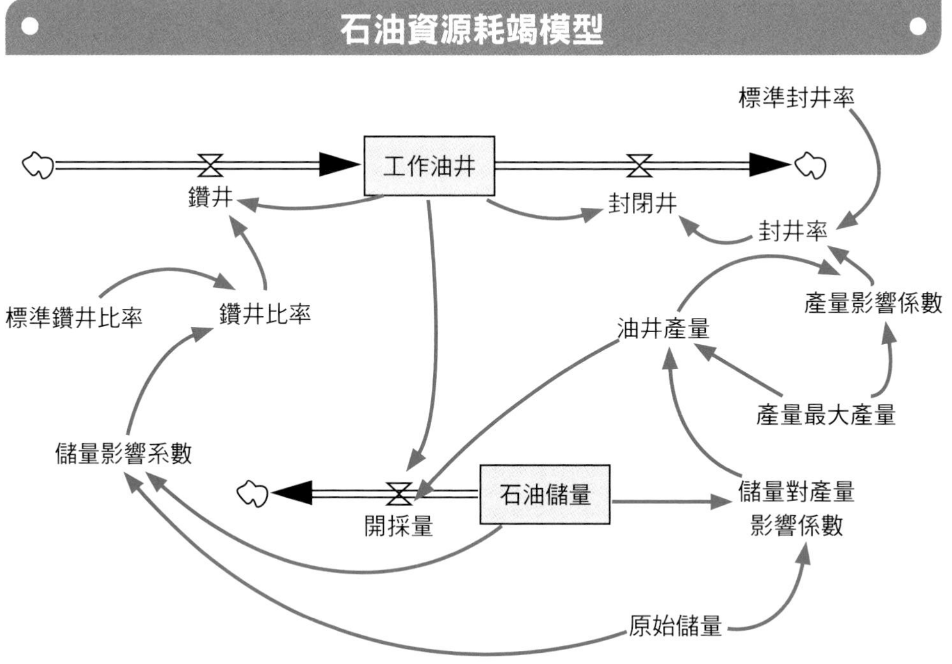

模型的公式和設定請見公式匯總表。

石油資源耗竭模型公式

類型	名稱	公式	單位
L	工作油井	初始值 = 1	個
R	鑽井	工作油井 * 鑽井比率	個 / 年
R	封閉井	工作油井 * 封井率	個 / 年
A	鑽井比率	儲量影響係數 * 標準鑽井比率	1/ 年
C	標準鑽井比率	0.25	1/ 年
A	封井率	標準封井率 * 產量影響係數	1/ 年
A	油井產量	儲量對產量影響係數 * 油井最大產量	單位 / 年
C	油井最大產量	1e+006	單位
T	產量影響係數	橫坐標：油井產量 / 油井最大產量 (0,20),(0.1,19.9),(0.2,19.8),(0.3,18.8), (0.4,11.1),(0.5,4.6),(0.6,2.3),(0.7,1.4), (0.8,1.05),(0.9,1),(1,1)	無
L	石油儲量	初始值 =1e+006	單位
R	開採量	工作油井 * 油井產量	單位 / 年
T	儲量對產量影響係數	橫坐標：石油儲量 / 原始儲量 (0,0),(0.05,0),(0.1,0),(0.15,0),(0.2,0), (0.25,0),(0.3,0),(0.35,0),(0.4,0),(0.45,0), (0.5,0),(0.55,0),(0.6,0.005),(0.65,0.045), (0.7,0.15),(0.75,0.37),(0.8,0.725), (0.85,0.92),(0.9,0.985),(0.95,0.995),(1,1)	無
dt	模擬設定	dt=0.25，Euler 算法，模擬時間 0-30 年	

模擬結果如圖。

油井耗竭模擬結果

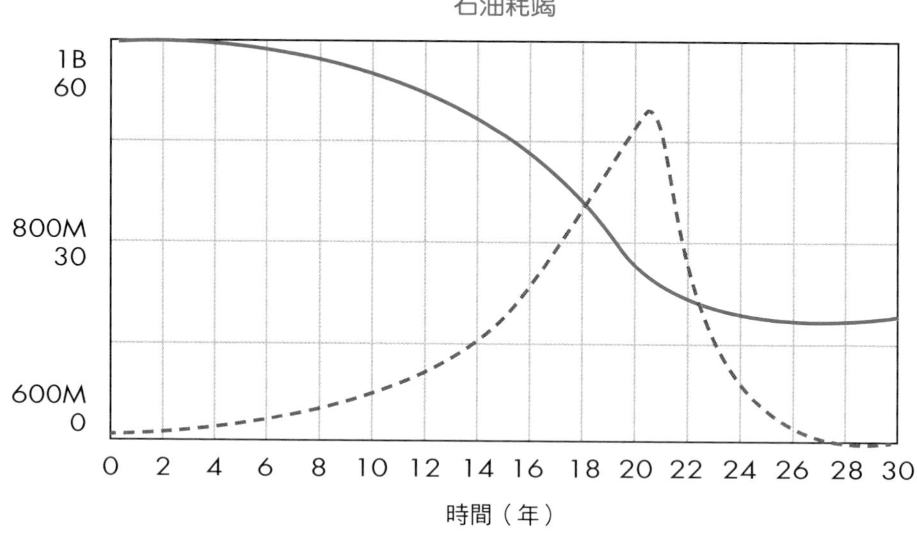

（二）總結

日常所見的系統行為可分成以下六種：1. 帶有增強迴路的指數成長，2. 調節迴路的尋求目標，3. 兼有增強迴路和調節迴路的 S 型成長，4. 帶有調節迴路 +delay 的振盪，5. 兼有增強迴路和調節迴路的過載成長，6. 帶有三重迴路的過載與崩潰。

前四種系統行為的模擬方法本章均有介紹，應該以照貓畫虎的方式設計你自己的模型，最好手頭備有一本 Vensim 手冊，逐漸熟練軟體的操作。系統行為模擬的各類模式如下圖。

系統行為分類

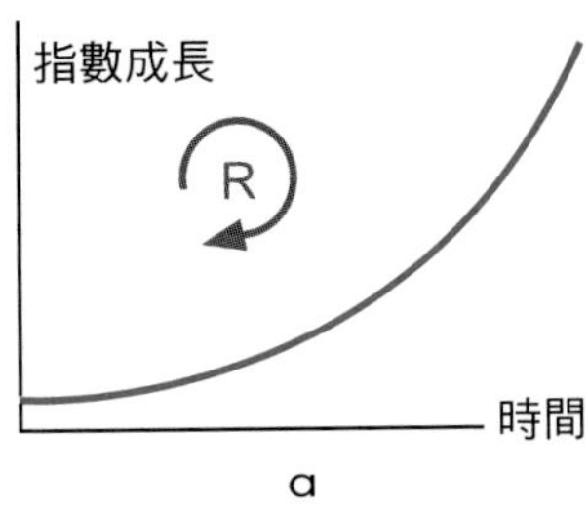
指數成長
R
時間
a

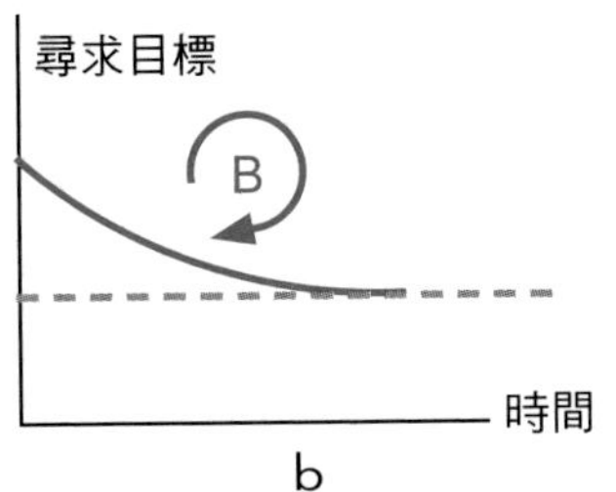
尋求目標
B
時間
b

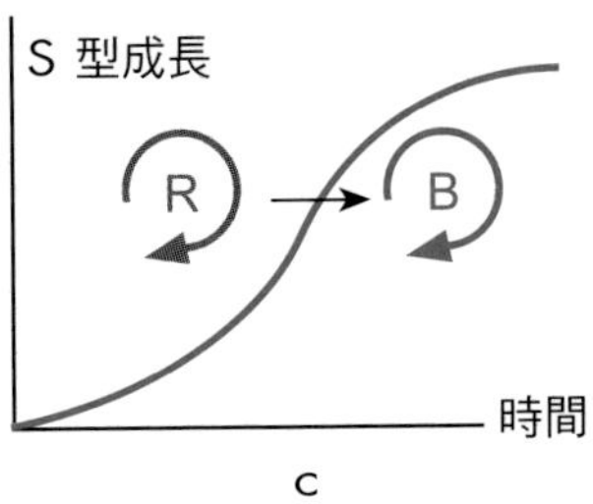
S 型成長
R
B
時間
c

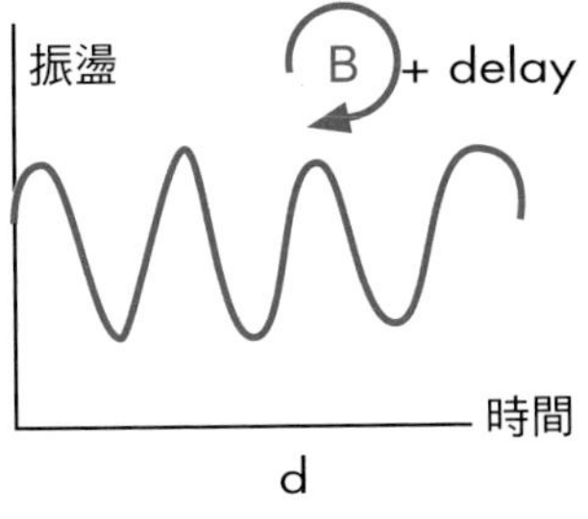
振盪
B
+ delay
時間
d

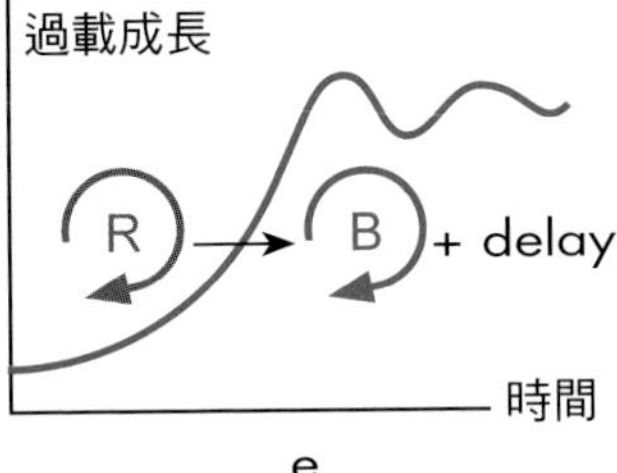
過載成長
R
B
+ delay
時間
e

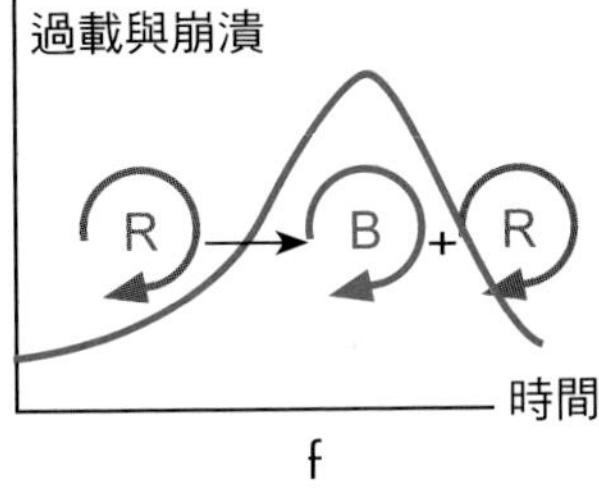
過載與崩潰
R
B
+
R
時間
f

系統基模的應用指南

- 6-1 本體與同構
- 6-2 管理界最常見和最有用的系統基模是哪些
- 6-3 系統基模的卡片和模板
- 6-4 系統基模與社會網絡分析
- 6-5 彼得・聖吉系統基模的定量模型

6-1 本體與同構

6-1-1 康德的眼鏡，科南特和阿什比的鑰匙

18 世紀古典哲學家康德（Immanuel Kant, 1724-1804）說，我們無法進入真實的世界，即本體；我們所能接觸到的是被感知的世界，即現象。這一觀點被稱為康德的「眼鏡」，我們透過眼鏡看世界，我們所看到的世界受到眼鏡的影響。

20 世紀的控制論專家科南特（Conant）和阿什比（Ashby）說，一把鑰匙開一把鎖，控制論對這種一對一的關係稱為「同構」。在認知的世界中，如果我們找到與真實本體同構的工具當作眼鏡，透過它來看世界也許就能看到本體。

Q & A

Q 學生 Chong：老師，彼得・聖吉的系統基模是康德的「眼鏡」，還是科南特和阿什比的本體「同構」？

A 老　師：這真是個大問題，就理論分析而言我們需要這樣的高度。不過，大部分實際問題都很難用這兩個指標做判斷的標準，要用軟一點的方式。有誰知道坊間是怎樣討論彼得・聖吉系統基模是如何應用的？

A 有人答：大多數學術機構從團隊和組織學習的角度討論彼得・聖吉的基模，也有人從知識管理的角度討論。

確實如此，捷克赫拉代克-克拉洛夫大學（University of Hradec Králové）弗拉迪米爾・布雷教授（Vladimír Bureš）對全捷克各類公司的 54 名高級管理人員做了滾雪球的問卷調查，很有新意，其結論值得我們思考。他的問卷題目設計如下圖。

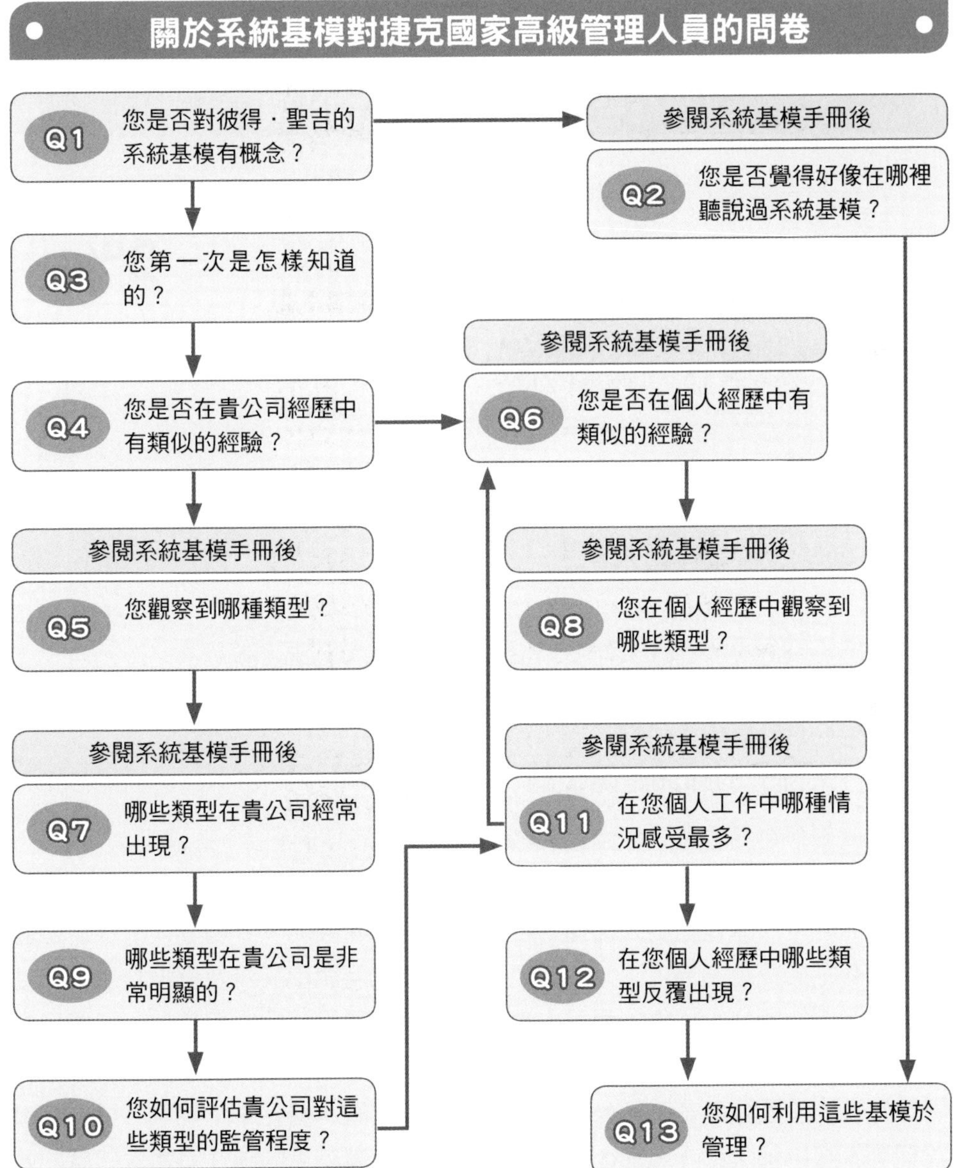

問卷處理後，布雷發現 26% 受訪者不知道彼得．聖吉的系統基模為何物，52% 受訪者回答沒有把握，合在一起共 78% 的受訪者不清楚系統基模這個詞，只有 22% 的受訪者明確回答「知道」。令人驚訝的是，如果把「系統基模手冊」讓他們參考，他們中絕大多數 98% 的人，在閱讀了手冊後，回答「肯定知道了」，只有 2% 受訪者回答「還是不知道」。布雷認為系統基模實際上是他們已經共有的**隱性知識**。

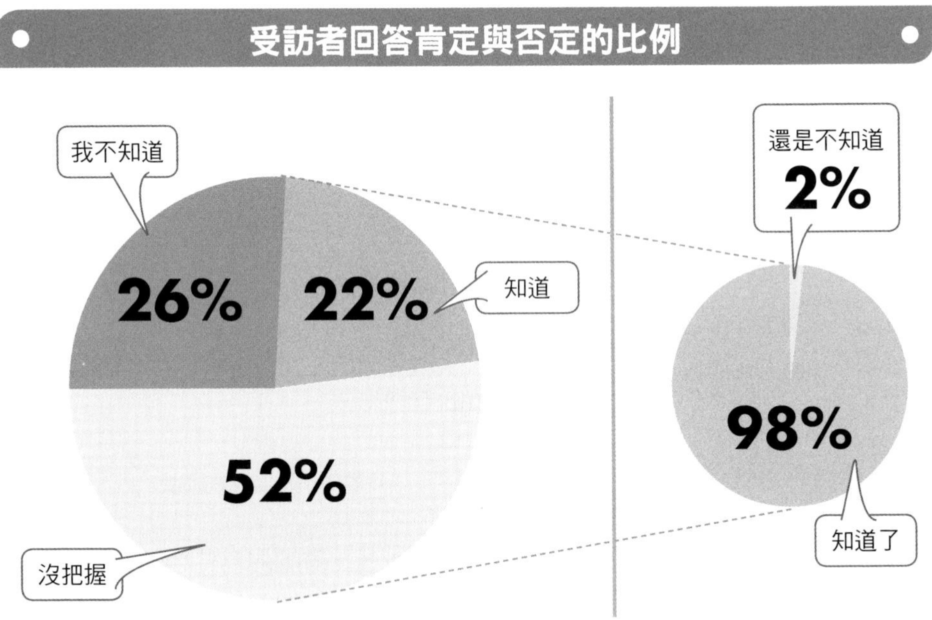

6-1-2　大部分的知識是隱性的

知識劃分為顯性和隱性兩種。前者為能明確表達的知識，透過語言、書籍、文字、資料庫等編碼方式傳播，包括「可以寫在書本和雜誌上，能說出來的知識」；而隱性知識包括個人信仰、世界觀、經驗、技巧、手藝等，植根於個體活動並存在於特定的情境中，主要透過面對面的互動而交流及實現共用。顯性知識只是「知識冰山一角」而已，大部分知識都是隱性的。與教材和已經確立好的分析方法相比，很多人更傾向於利用過去的經驗來完成管理任務。共用的隱性知識對於團隊而言屬於**公共財**，因此可能存在「搭便車」現象。日本知識管理專家野中郁次郎（Ikujiro Nonaka）提出組織學習的隱性與顯性知識的轉化矩陣，見下圖。

隱性知識和顯性知識的相互轉化

	隱性知識	顯性知識
隱性知識	社會化	外化
顯性知識	內化	融合

6-1-3 知識四部曲

（一）隱性到隱性的知識社會化

這是個人層次上分享隱性知識的過程，主要透過觀察、模仿和親身實踐等形式。師徒制就是個人間分享隱性知識的典型形式。

（二）隱性到顯性的知識外化

這是隱性轉顯性的描述，將知識轉化為別人容易理解的形式，轉化所利用的方式有類比、隱喻和假設、傾聽和深度會談等。當前的一些智慧技術，如知識挖掘系統、商業智慧、專家系統等，為實現隱性知識顯性化提供了手段。

（三）顯性到顯性的知識融合化

這是一種知識擴散的過程，通常是將零碎的顯性知識進一步系統化和複雜化。將這些零碎的知識進行整合，並用專業語言表述出來，使個人知識轉換為更多人共用的價值系統。諸如分散式文件檔、內容分析、數據庫等，都是融合顯性知識的有效工具。

（四）顯性到隱性的知識內化

知識在企業員工間傳播，員工接收了這些新知識後，可以將其應用到工作中去，並創造出新的隱性知識。

6-2 管理界最常見和最有用的系統基模是哪些

6-2-1 打破砂鍋問到底

為了方便提問，布雷把彼得．聖吉的系統基模編號如下：

1. 成功的極限；2. 捨本逐末；3. 目標侵蝕；4. 惡性競爭；5. 勝者恆勝；6. 共同悲劇；7. 事與願違；8. 成長與投資不足；9. 意外的敵人；10. 吸引力的原則。

捷克高管問卷調查顯示，最常重複出現的系統基模分布如下。

反覆出現的系統基模分布

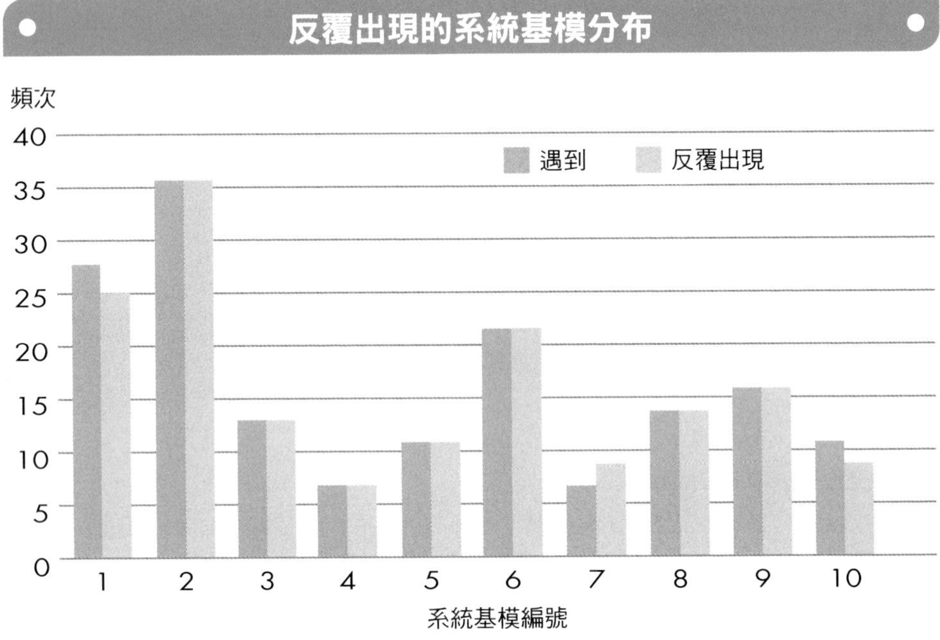

因為問題是多項選擇，所以有的回答「遇到」過某種基模，有的回答「反覆出現」的某種基模。這兩種回答的相關係數很高（0.993）。無論是碰到過或反覆碰到，最高頻數是編號 2 的基模（**捨本逐末**），其次是 1（**成功的極限**）和 6（**共同悲劇**），再其次是 9（意外的敵人）、8（成長與投資不足）和 3（目標侵蝕）。在汽車、旅遊或醫療保健業管理文獻中所觀察到的答案，也符合布雷的研究結論。

調查說明**最有用**的系統基模是 6（**共同悲劇**）、7（**事與願違**）、8（**成長與投資不足**）。而**最有監管意義**的是 1（**成功的極限**）、2（**捨本逐末**）、3（**目標侵蝕**）。

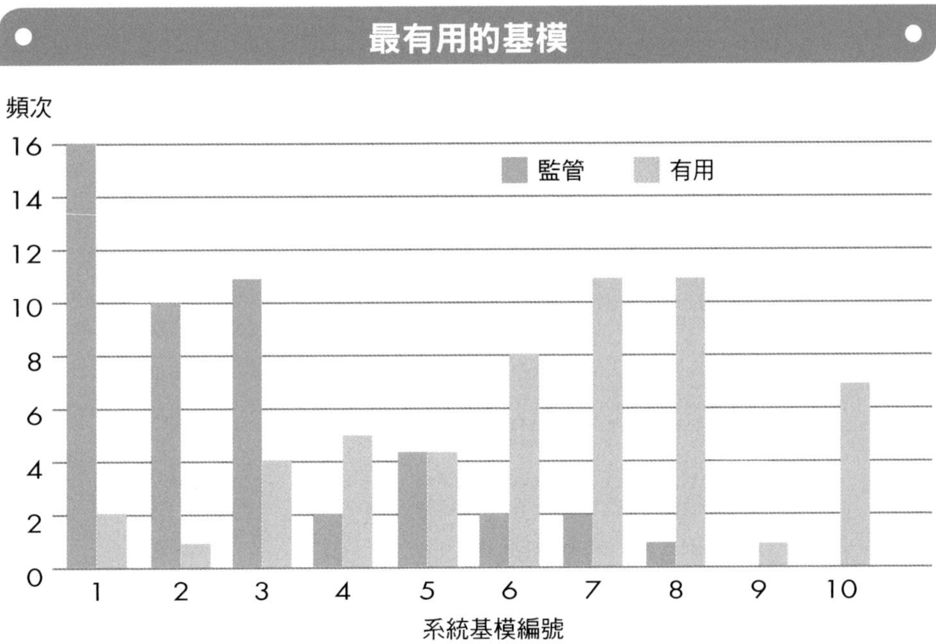

Q 學生：系統基模已有幾十年歷史，請問老師，有沒有創新的手段或者商業的手段？

A 老師：猜得很對，系統基模與遊戲開始掛鉤了。

6-3 系統基模的卡片和模板

6-3-1 把系統基模玩起來，卡片和模板

大家多半都有經驗，討論抽象的問題時，會有無趣與無奈的感覺，美國 Waters Center 基金會把各種系統基模製造成像撲克一樣的卡片，一個基模一張牌。可視化的結構卡激起你的好奇，使你想玩很快就能進入結構圖布局的故事中。不過，卡片是要用錢買的。美國系統動力學專家 Daniel H. Kim 和 Colleen P. Lannon 用結構原理使基模標準化，而他們的結構模板是免費的。

彼得・聖吉系統基模結構模板

模板	說明
目標侵蝕 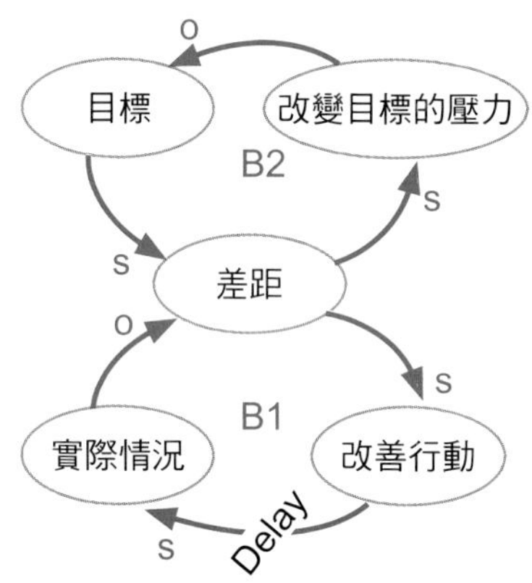	兩個均衡環 B1 和 B2，至少 5 個因素。通常有兩種方式解決目標和實際情況之間的差距：改善行動趕上目標，或降低標準而達到目標。不管是哪一種，目標皆已被侵蝕。該基模說明目標侵蝕有如溫水煮青蛙，是一個不斷被腐蝕的過程。

模板	說明
惡性競爭 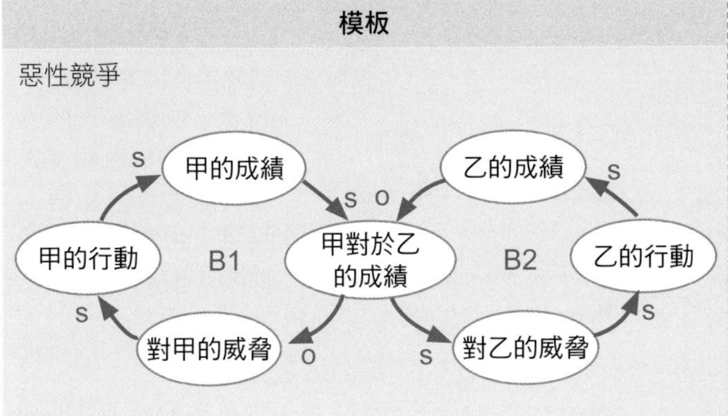 	當一方的行為被另一方視為威脅，而第二方以類似的方式做出反應，進一步增加威脅時，就會出現惡性競爭，兩個調節環 B1 和 B2 將創造一個強化的 8 字型效應，導致雙方的威脅行為隨著時間呈指數增長。
事與願違 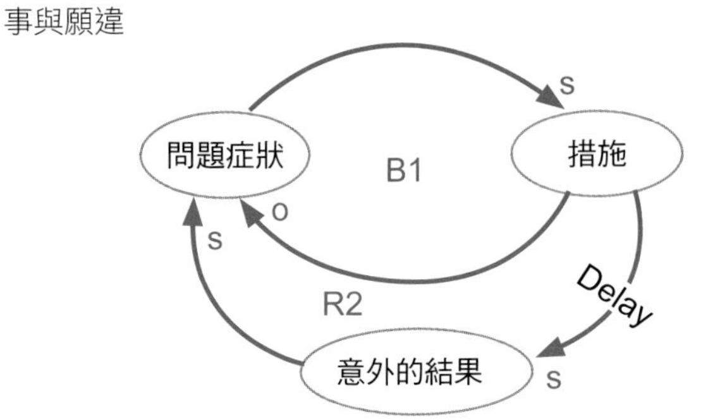 	假設問題症狀會在短時間內消失，然後出現兩種可能：系統恢復到原來的水平，或變得更糟。因為臨時的措施可能會產生的意外後果，結果事與願違，越弄越糟。
成長與投資不足 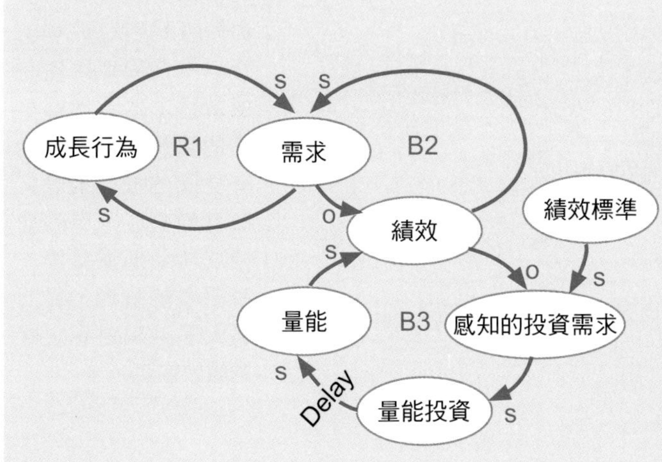 	當增長接近某種極限時，如果及時擴大產能，就可以克服這個極限。相反，如果一個系統在長期的極限情況下運作，系統將透過降低績效標準來行補償，從而減弱了對產能投資需要的心理感知，導致更低的績效，這就是長期投資不足的系統表現。

模板	說明
成功的極限	成功的極限基模指出，增長（或擴張）的強化將出現某種制衡過程，隨著系統極限的接近，持續努力的邊際效率遞減。
捨本逐末	該基模假設，只是根據問題症狀用表面的解決方法處理問題，雖然會使問題的症狀減緩，也會催生根本解的出現，但是也產生一種副作用「上癮」，結果永遠也沒有找到解決問題的根本方法。好像頭痛吃阿斯匹林，雖然能減緩症狀但會上癮，頭還是痛。
勝者恆勝 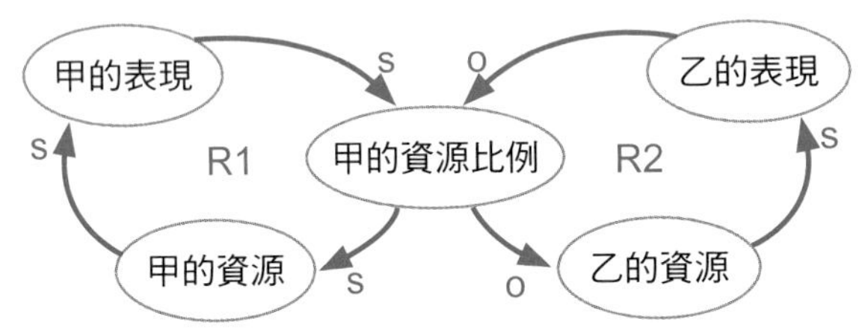	如果個人或群體（甲）比另一個同樣有能力的群體（乙）獲得更多的資源，那麼甲就有更高的成功機會。該基模假設，甲的初始成功使他獲得第一筆更多的資源，從此擴大了他與對手之間的績效差距。

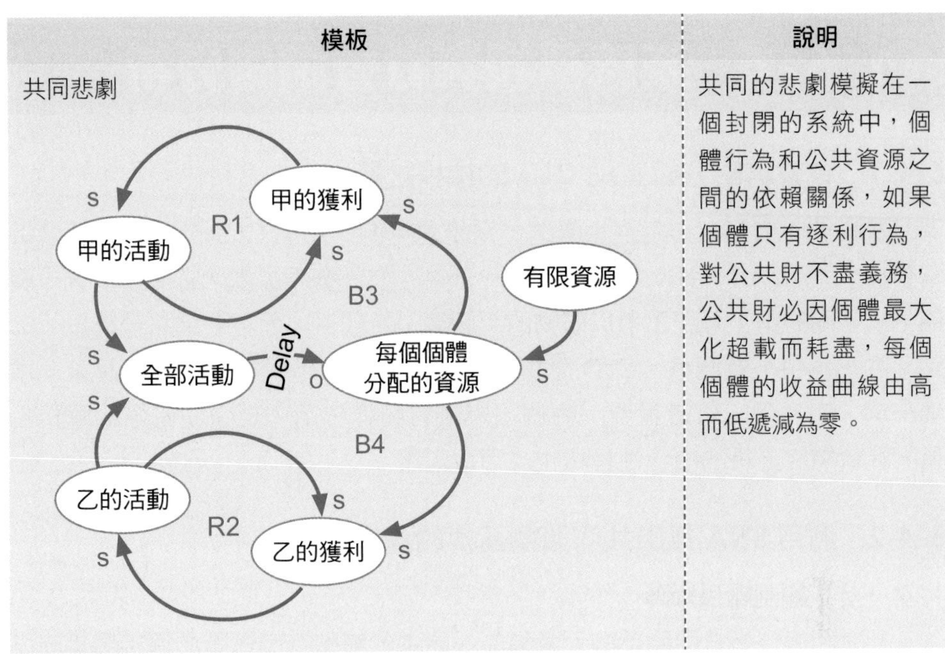

模板	說明
共同悲劇	共同的悲劇模擬在一個封閉的系統中，個體行為和公共資源之間的依賴關係，如果個體只有逐利行為，對公共財不盡義務，公共財必因個體最大化超載而耗盡，每個個體的收益曲線由高而低遞減為零。

註：圖中箭頭符號 s 表示增強的因果關係，符號 o 表示調節的因果關係，Delay 表示時間遲延。

6-4 系統基模與社會網絡分析

6-4-1 社會網絡分析有助 CLD 的槓桿計算

學科彼此借鏡，必定互相繁榮，系統思考的回饋環 CLD 分析與「社會網絡分析」（Social Networks Analysis, SNA）有許多相似處。它們都研究「關係」，不同的是，系統思考以事物的「因果」為關係，而社會網絡分析以「節點」的「角色」為關係。CLD 分析手段中最頭痛的是槓桿分析，說起來一環套一環，究竟哪一環最重要，哪個因素最有槓桿作用？至今沒有好的解析工具。社會網絡分析的中心性指標也許可以借鑒。

6-4-2 利用 SNA 找出共同悲劇基模的高槓桿因素

1. 第一步：編制關係矩陣

社會網絡分析把回饋環的元素稱為網絡中的節點，節點間的連接用矩陣表示。共同悲劇模板共有 7 個節點，它們之間的連接關係如下表。矩陣表內對應節點的符號 1 表示二者有連接關係，若節點與節點間沒有關係則標注符號 0。

「共同悲劇」節點的關係矩陣

ID	甲的活動	甲的獲利	乙的活動	乙的獲利	全部活動	個體分配的資源	總資源
甲的活動	0	0	0	0	1	0	0
甲的獲利	1	0	0	0	0	1	0
乙的活動	0	0	0	1	1	0	0
乙的獲利	0	0	0	0	0	0	0
全部活動	0	0	0	0	0	1	0
個體分配的資源	0	0	0	1	0	0	0
總資源	0	0	0	0	0	1	0

2. 第二步：

將矩陣表的數據輸入 SNA 的計算軟體 UCINET，得到共同悲劇節點的可視化關係圖。

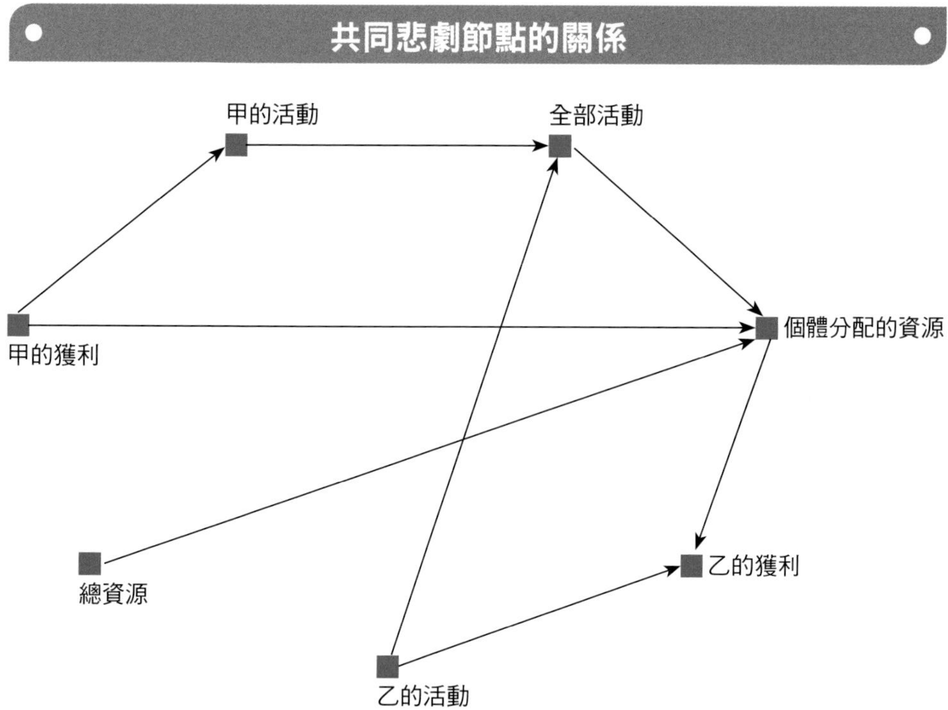

3. 第三步：計算中心度

目前並無統一的中心度指標體系，常用的大約有六、七種，本例計算結果具有意義的是居間中心性（Betweenness Centrality）。

共同悲劇各節點的居間中心度

	居間中心性
甲的活動	5
甲的獲利	6
乙的活動	5
乙的獲利	6
全部活動	12
個體分配的資源	17
總資源	0

計算說明節點「個體分配的資源」得 17 分，是該基模的最高槓桿點。換句話說，對於共同悲劇的情景而言，影響全局的關鍵因素是「個體分配的資源」。

6-5 彼得・聖吉系統基模的定量模型

6-5-1 系統基模的定量模型

有兩個原因促使系統基模的定量研究，首先是為了掌握系統基模的時間動態，其次是為了預測。當系統基模的回饋環 CLD 轉化為存流量圖 SFD 時有幾點必須注意：第一，沒有統一的對應關係，同一個 CLD 可有許多不同的 SFD；不同的人做法不同，同一個人也可以有不同的做法。第二，存量、流量和輔助變量的決定也沒有統一的方法，某個變量某甲可能轉換為存量，某乙可能轉換為流量。第三，因果回饋環對變量名稱雖然有規範，例如不宜使用動詞或短句，但是為了方便表達，許多情況並沒有遵守這項規定，因此 SFD 的變量命名也常常違反規定。

6-5-2 事與願違基模的定量模型

事與願違的 CLD 和 SFD

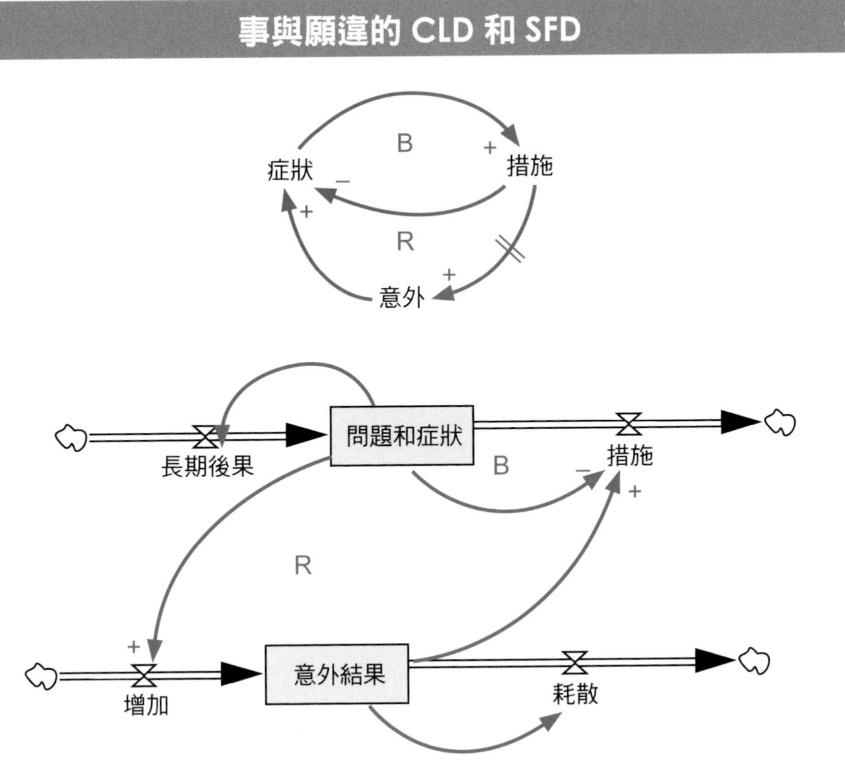

上圖上方為事與願違的因果回饋環圖 CLD，下方為存量流量流程圖 SFD。CLD 只有三個變量，SFD 有六個變量；SFD 選擇系統基模的「症狀」和「意外」作為相應的存量。在規範意義下，存量必須是可計量的，在本例中「問題」是虛擬的可計量變量。請注意，第一個存量「問題」影響第二個存量「意外」的流入量「增加」，第二個存量「意外結果」影響第一個存量「問題」的流出量「措施」，這是一種「捕食者一獵物」關係，請回憶第 5 章。

事與願違基模的定量模型公式見下表。

事與願違定量模型公式

變量類型	變量名稱	公式
L 存量	問題	初始值 1
L 存量	意外	初始值 0
R 流量	長期後果	0.5* 問題和症狀
R 流量	措施	0.1* 意外結果 * 問題和症狀
R 流量	增加	0.1* 問題和症狀
R 流量	耗散	0.1* 意外結果
dt 模擬步長和時間	dt=0.25, t=30	

模擬結果如下圖。

事與願違的模擬輸出

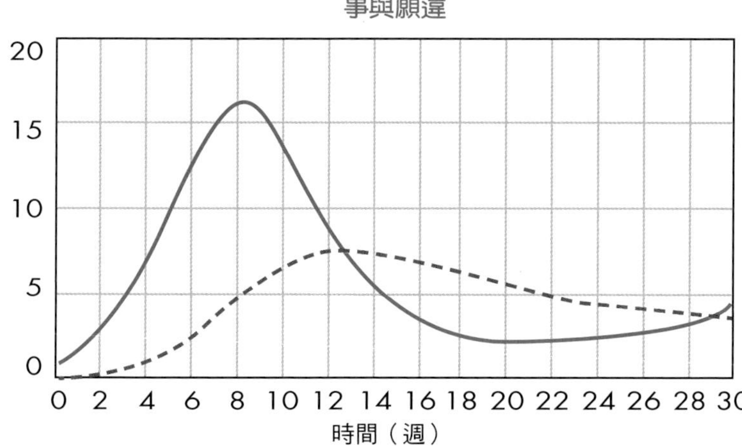

模擬說明，問題的症狀隨時間的變化而起伏，但永遠沒有消失，更糟糕的是，你還要隨時應付意外情況的產生。不過如果模擬的條件變化，包括存量的初始值變化，結果就可能不同。

6-5-3 目標侵蝕的定量模擬

目標侵蝕的 CLD 和 SFD

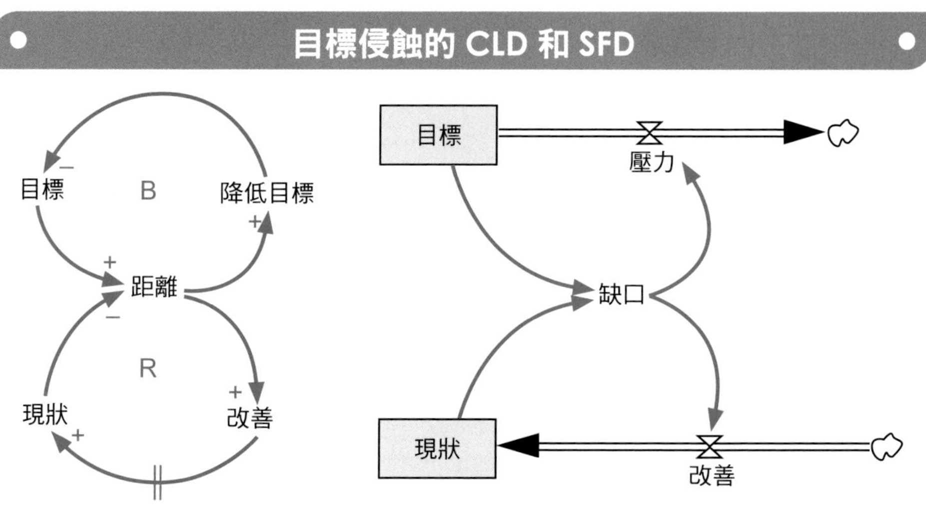

將「目標」和「現狀」選擇為定量模型的存量，將「降低目標」命名為「壓力」並選為流量。存量「目標」只有一個流出量，存量「現狀」只有一個流入量。將「距離」命名為「缺口」並選擇為輔助變量。

全部模擬條件見下表。

目標侵蝕定量模型公式

變量類型	變量名稱	公式
L 存量	目標	初始值 100
L 存量	現狀	初始值 40
R 流量	壓力	缺口 /5
R 流量	改善	缺口 /10
A 輔助變量	缺口	目標 - 現狀
dt 模擬步長和時間	dt=0.25, t=12	

模擬結果見下圖。

目標侵蝕基模的模擬結果

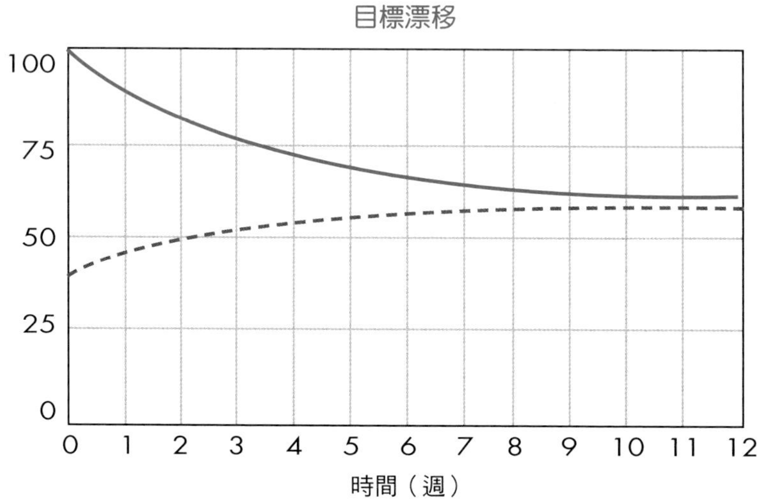

模擬說明隨著時間發展現狀，雖有一定改善，但目標卻在不斷下滑。

6-5-4 捨本逐末的定量模擬

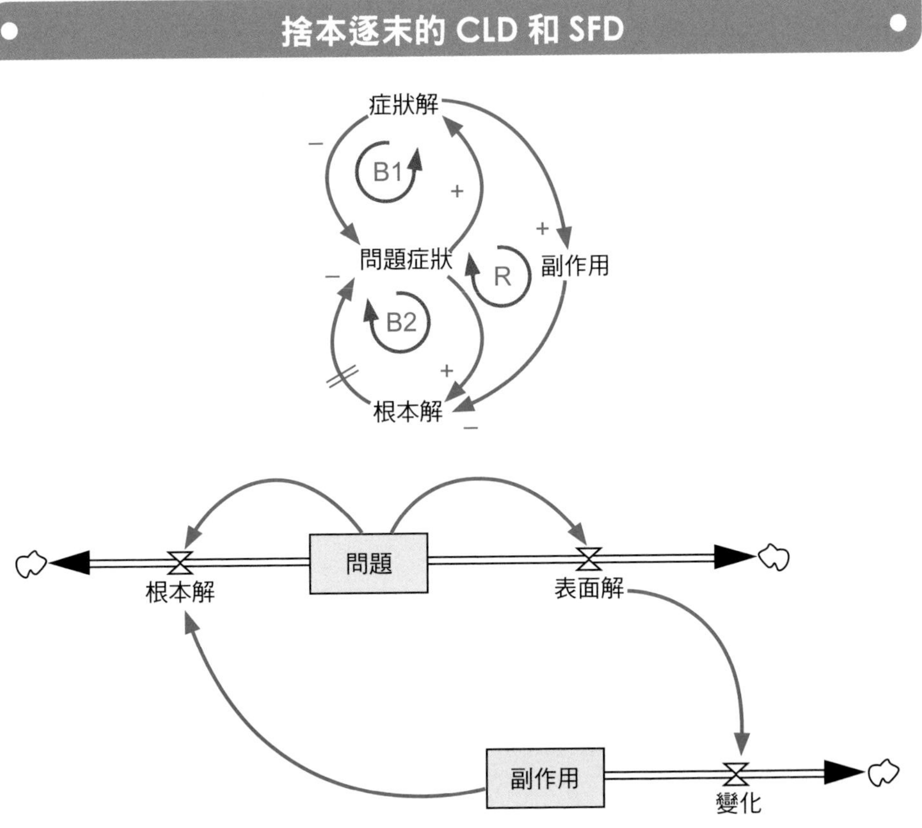

將「問題」和「副作用」選擇為定量模型的存量，「問題」有兩個流出量，其中之一是「根本解」。將「症狀解」命名為「表面解」是「問題」的第二個流出量。存量「副作用」只有一個流入量「變化」。

捨本逐末定量模型公式

變量類型	變量名稱	公式
L 存量	問題	初始值 20
L 存量	副作用	初始值 0
R 流量	根本解	0.05* 副作用 * 問題
R 流量	表面解	0.1* 問題
R 流量	變化	0.01* 表面解
dt 模擬步長和時間	dt=0.25, t=30	

捨本逐末的模擬結果

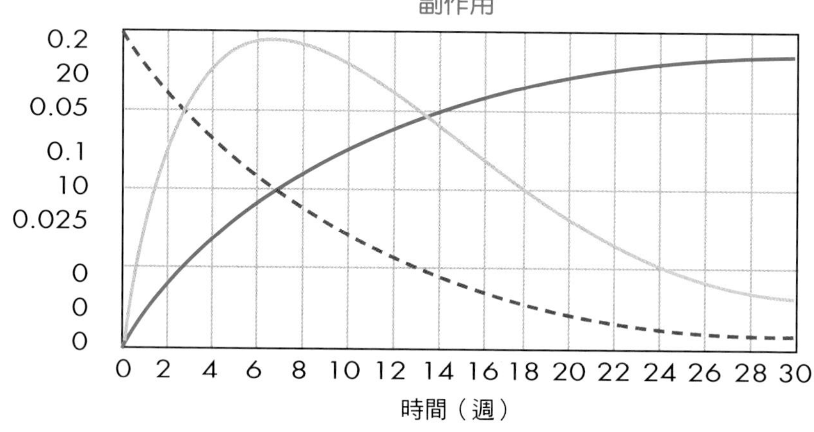

模擬說明在捨本逐末的情景下，問題雖然會軟化，但副作用越來越強而根本解的希望渺茫。

6-5-5 成功的極限的定量模擬

成功的極限的 CLD 和 SFD

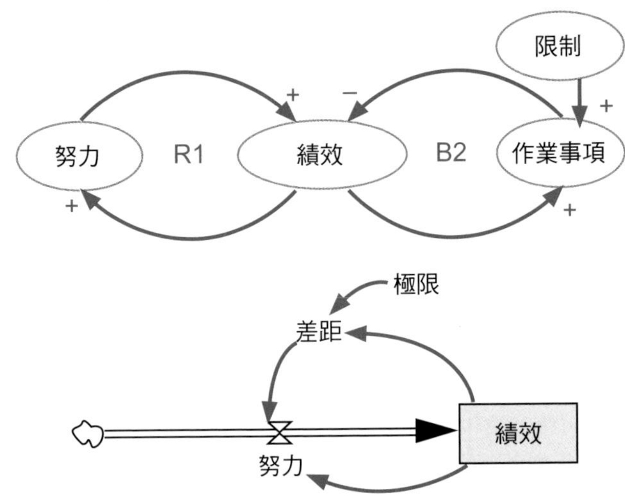

將「績效」選擇為定量模型的存量，「努力」作為流入量。將「活動上限」命名為輔助變量「差距」。

成功的極限基模定量模型公式

變量類型	變量名稱	公式
L 存量	績效	初始值 1
R 流量	努力	0.1* 績效 *（差距 /100）
A 輔助變量	差距	極限 - 績效
A 輔助變量	極限	100
dt 模擬步長和時間	dt=0.25, t=100	

成功極限的模擬輸出見下圖。

成功的極限的模擬輸出

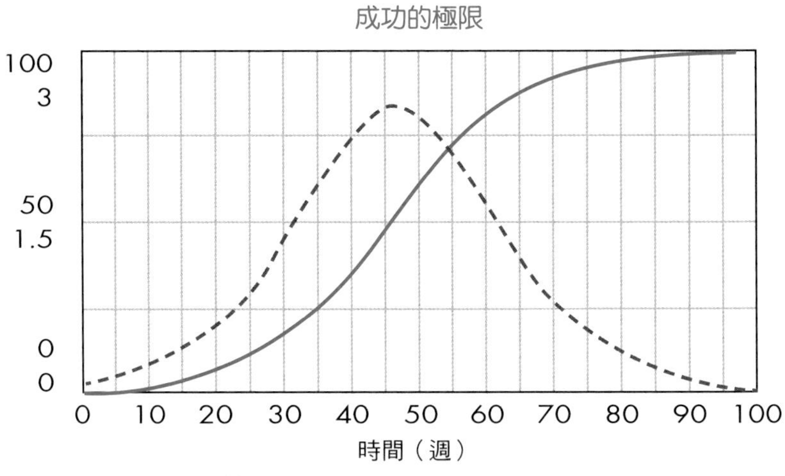

在有限資源約束下，績效是一條 S 型曲線，努力是一條鐘型曲線，資源用盡，績效登峰造極努力到了盡頭。

6-5-6　共同悲劇的定量模擬

共同悲劇的 CLD 和 SFD

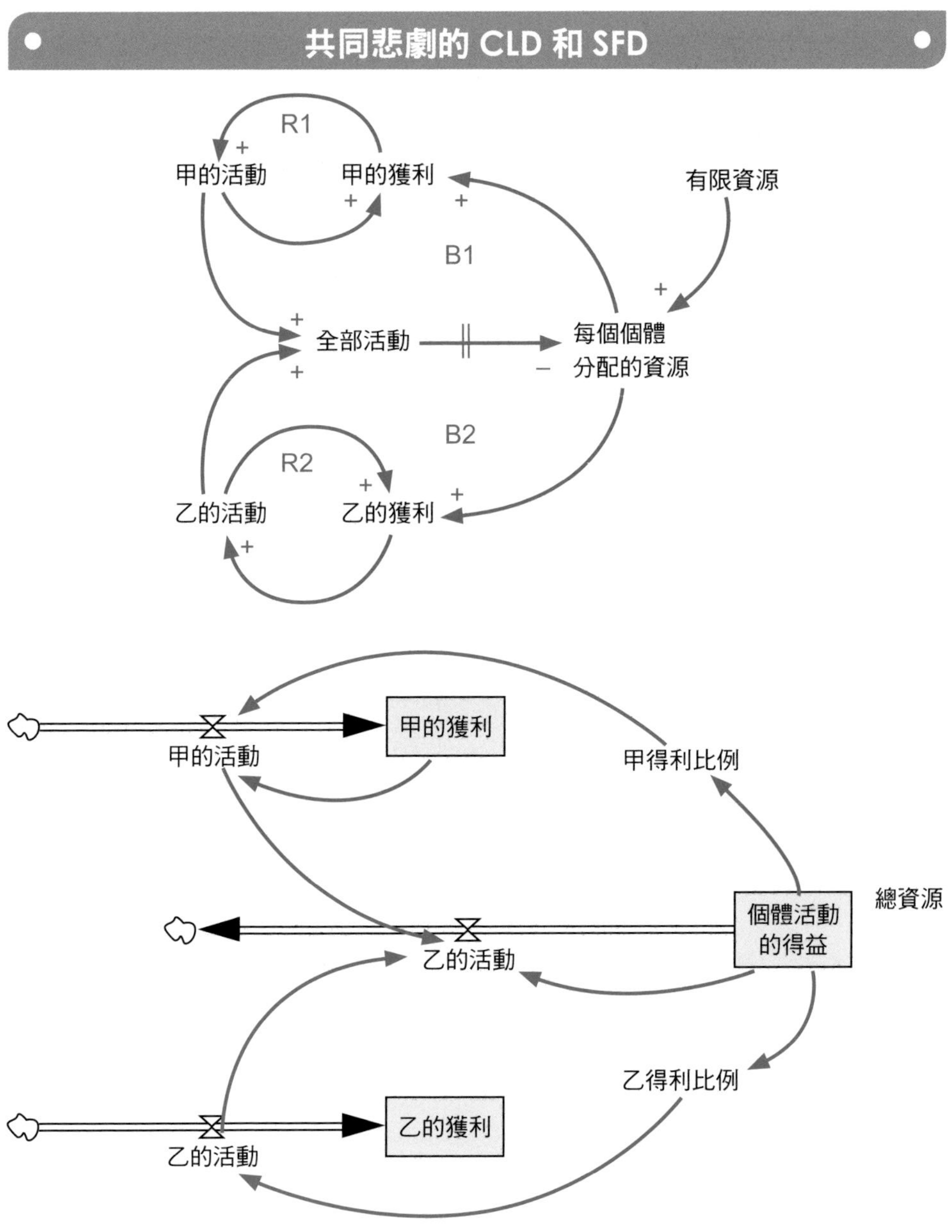

共有三個存量，存量「甲的獲利」有一個流入量「甲的活動」，存量「個體活動的得益」有一個流出量「全部活動」，存量「乙的獲利」有一個流出量「乙的活動」。兩個輔助變量「甲得利比例」和「乙得利比例」。

共同悲劇定量模型公式

變量類型	變量名稱	公式
L 存量	甲的獲利	初始值 20
L 存量	個體活動的得益	初始值 100
L 存量	乙的獲利	初始值 15
R 流量	甲的活動	甲得利比例 * 甲的獲利
R 流量	全部活動	IF THEN ELSE（個體活動的得益 > 0, DELAY3（甲的活動 + 乙的活動 , 5）, 0）
R 流量	乙的活動	乙得利比例 * 乙的獲利
A 輔助變量	甲得利比例	（個體活動的得益 /1000*12）-0.4
A 輔助變量	乙得利比例	（個體活動的得益 /1000*12）-0.4
A 輔助變量	總資源	100
dt 模擬步長和時間	dt=0.25, t=20	

共同悲劇的定量模擬輸出見下圖。

共同悲劇的模擬輸出

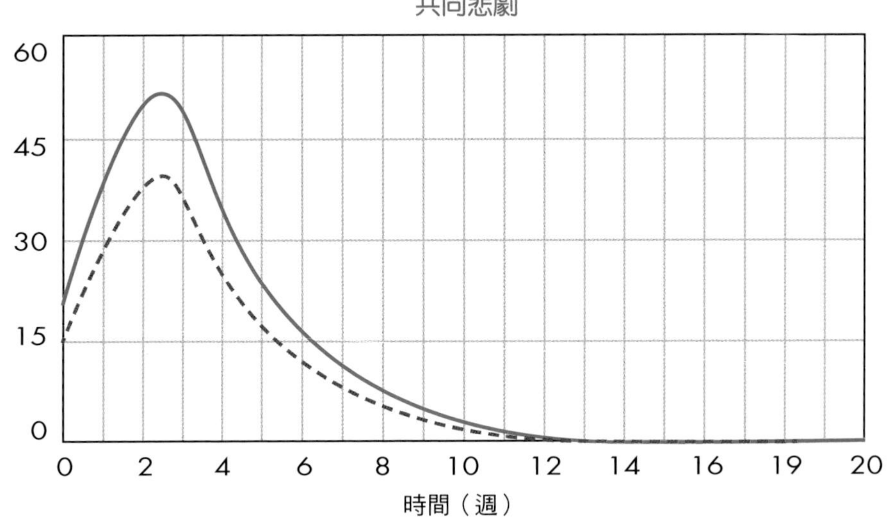

在共同悲劇的情景下，因為總資源的耗盡，每個個體的獲利由少而多達頂峰後，不斷衰減直到零。

6-5-7 勝者恆勝的定量模擬

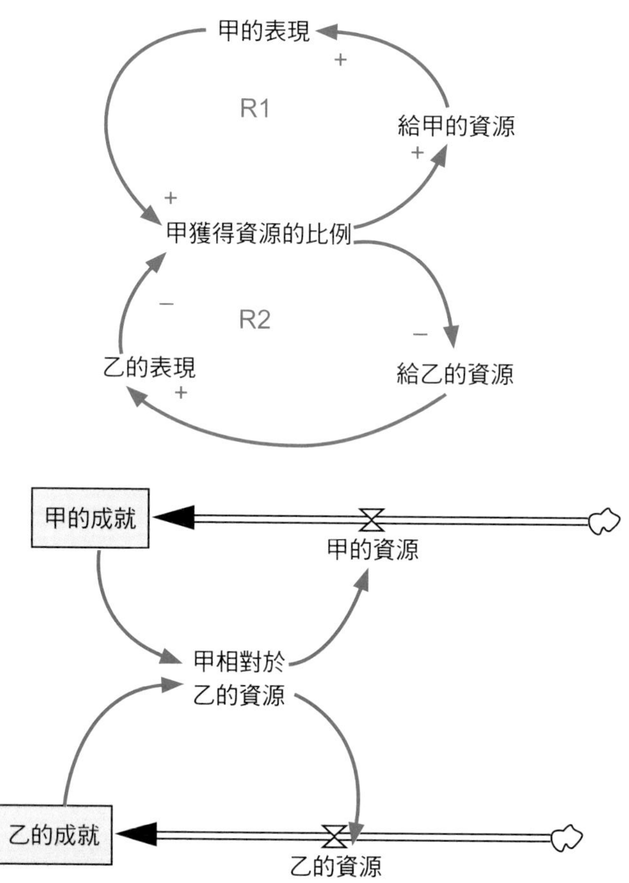

將「甲的表現」命名為存量「甲的成就」，將「乙的表現」命名為存量「乙的成就」。「甲的成就」有一個流入量「甲的資源」，「乙的成就」有一個流入量「乙的資源」。一個輔助變量「甲相對於乙的資源」。

勝者恆勝定量模型公式

變量類型	變量名稱	公式
L 存量	甲的成就	初始值 5.5
L 存量	乙的成就	初始值 4.5
R 流量	甲的資源	0.1* 甲相對於乙的資源
R 流量	乙的資源	-0.1* 甲相對於乙的資源
A 輔助變量	甲相對於乙的資源	甲的成就 - 乙的成就
dt 模擬步長和時間	dt=0.25, t=10	

勝者恆勝的定量模擬輸出見下圖。

勝者恆勝的模擬輸出

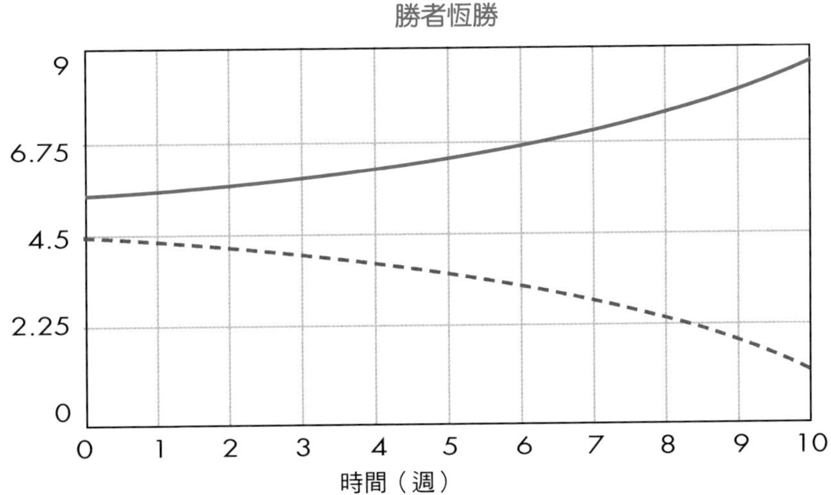

模擬說明一開始具有起點優越的甲，因為資源分配的優勢一路勝下去！

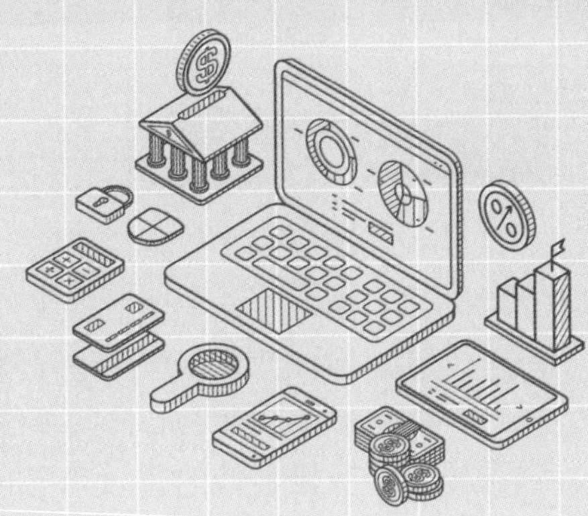

Chapter 7

系統思考諸案例

7-1 彼得・聖吉的 11 律

Q 老師：我們的課快要結束了，你們打算怎樣實踐呢？

A 學生：有沒有像物理學定律一樣的東西，我們能背下來不斷提醒自己？

Q 老師：嚴格而言系統思考不像自然科學可以用定律來描述，但彼得．聖吉確實講過思考的某些法則啟發大家，有哪位知道？

A 學生：我帶著他的書《第五項修練》呢，第四章就是講系統思考的 11 項法則。

7-1-1 彼得．聖吉反直覺的 11 條法則

11 條法則分別為：1. 今天的問題來自於昨天的「解決辦法」，2. 越用力推系統反彈越大，3. 情況變糟前會先變好，4. 顯而易見的解往往無效，5. 療法可能比疾病更糟糕，6. 欲速則不達，7. 因和果在時空中並不緊密相關，8. 尋找有效的高槓桿解，9. 魚與熊掌可以兼得，10. 把大象切成兩半無法得到兩頭小象，11. 沒有責備。

Ⓠ學生：**11** 條很難都記住，可不可以用 **20/80** 原則記住 **11** 條的 **20%** 就可以？

Ⓐ老師：你的想法不錯，記住 3、4 條就可以。但我要告訴你「背書」是重要的學習方法，對於「牛頓定律」和「三字經」，20/80 原則並不適宜，必須 100%。

Ⓠ學生：老師您認為哪 **3**、**4** 條法則我們必須記住呢？

Ⓐ老師：很多人認為第 1、8、10 這三條法則容易直擊心理。其實因人而異，張三想記的和李四的不一定一樣。這 11 條無非是對直覺的衝擊，其目的仍在於強調系統思考的獨特一面。

Ⓠ學生：第 **1** 條法則我可以舉兩個例，比如台灣當前 **2021** 年 **3** 月的水荒已影響到企業生產和家居生活。今天的問題來自於昨天以「水庫」作為解決問題的手段，長期依賴水庫而忽略節水和汙水處理所致。第二個例子是綠色食品貴到只有有錢人才買得起，原因是工業革命後為了提高農業生產力，大量發展化學農藥的結果。可是第 **8** 條的高槓桿解老師能講講嗎？

7-1-2　給我一個支點和槓桿，我就能移動地球——阿基米德

槓桿是物理學術語「力臂」也，已經廣泛應用到金融、財政和日常生活，意思轉為「很少的付出，很大的收穫」，現在彼得．聖吉把它列為系統思考最受人注目的第 8 條法則，但很難直接找到槓桿的答案。彼得．聖吉的老師多內拉．梅多斯列出 12 種可能，都需要定量模型的論證。因此一般的探討只停留在個別經驗的層次上，例如討論全世界目前最關心的新冠肺炎，請問遏制這場災難的有效槓桿是什麼？

7-1-3 阻斷新冠肺炎的高槓桿手段，口罩和距離

經驗説明兩件事可列為槓桿冠軍，一個叫戴口罩，另一個叫社交距離。下圖是新冠肺炎流行最嚴重時期（2020 年夏），亞洲、歐洲和北美洲每日新增的感染人數，圖中曲線下的面積就是每日新增感染總人數，顯然亞洲最小。**口罩和社交距離的作用，必定載入人類抗疫歷史中。**

7-2 傳統思維與系統思考比較，軌道和麵團

Q 學生 **Daniel**：我看到一個新名詞「非線性思考」（**Non-linear Thinking**），但字典上查不到什麼是非線性思考？

A 老師：這是一個好問題，首先我們應了解一個新詞是怎樣被收錄的。以牛津英語大字典為例，每年大約公布四次新詞，他們規定凡在一段時間內（大約 10 年）「有足夠的獨立使用例句」的新詞就有可能納入。目前主要的西語詞典均未收錄「非線性思考」，可能是有影響的例句還不夠多。下表列出系統思考與傳統思維諸方面的差異。

系統思考和傳統思維的區別

傳統思維	系統思考	
靜態思想 聚焦在某件事	**動態思考** 按照系統行為設計回饋環	看問題
效應思想 系統行為為外部力量驅使某種效應	**因果思考** 事出有因	看系統
見樹不見林 糾纏於某些事物的細節	**既見樹又見林** 看重事物間的關係	看系統
因素思維 羅列與結果相關的因素	**自組織思考** 觀察原因發生的機制	看系統
直線思維 每種原因彼此獨立地影響到結果	**回饋環思考** 每個原因也是結果，彼此首尾關聯	看系統
精準測量 力求資料數據的精準	**軟變量方法** 軟數據的定量方法	看系統
物理學思維 模型要與驗證的資料一致	**軟科學思維** 假設的適應性是有限的	看結論

傳統思維強調思想過程的概念、判斷、推理的一致，好像鐵軌；而系統思考很像一麵團沒有方向，可以隨便伸拉捲揉。以產品與利潤的關係而言，下圖左側是傳統式思考，圖的右側是系統思考，後者不僅思考每個因素對利潤的影響，更會思考因素之間的相互影響。

系統思考和傳統思維的不同模式

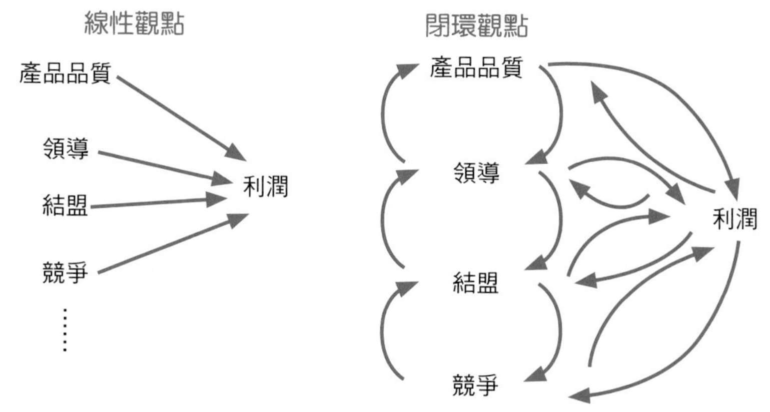

7-3 什麼叫成功？手術成功但患者死亡的故事

7-3-1 手術成功但患者死亡的悖論，故事還沒有結束

1829 年 8 月 29 日，美國喬治亞州《薩凡納新聞》（*Savannah Georgian*）第三版刊登一則重要報導**「手術成功但患者死亡」**：

「大約兩個月前由利斯頓先生在愛丁堡進行髖關節截肢。手術操作成功，但是病人死了。」

1829 年 8 月 29 日，美國喬治亞州《薩凡納新聞》

「手術成功但患者死亡」是悖論一個矛盾的命題，一百多年來一直是醫療界痛心的諷刺。在瑞典，研究人員試圖降低 3,490 名企業高管的「心血管危險因素」，經過 11 年的隨訪，高管們的危險因素平均減少了 46%，但死亡率卻比對照組高！美國的一項類似研究也大致如此。

時至今日手術成功的故事並沒有結束，由英國牛津大學、阿斯特捷利康製藥公司共同研發的 AZ 疫苗，臨床研究效果良好，保護力可達 81%，於 2020 年底上市，然而接種後的副作用過大甚至有人死亡，法國、瑞典和德國曾一度停打，台灣民眾接種 AZ 疫苗的意願亦不高。

Q & A

Q 學生：系統思考怎樣解釋手術成功但患者死亡的悖論？

A 老師：在任何一個指定的系統中都有關鍵部位和非關鍵部位之分，但關鍵部位的成功和系統的成功既可能是同一件事也可能不是。如果醫療系統只是指外科醫生的手術，那麼當年《薩凡納新聞》的報導並沒有錯，可是醫療系統的邊界必然包括患者在內，所以《薩凡納新聞》「手術成功但患者死亡」模糊了部分和整體不可切割的原則。

7-3-2 鋼鐵廠成功了但全市失敗了

日常生活中，手術成功但患者死亡的例子還有很多。1980 年代中國大陸改革開放，企業與國際接軌，某城市鋼鐵廠引進大型德國設備，據說慶功典禮上電力閘門剛合上，便因為電力負荷過載而全市斷電，鋼鐵廠成功了但全市失敗了，追究起來，是電力部門不知道鋼鐵廠的施工進程，他們沒有把鋼鐵廠的資訊納入系統。

Q 學生：經過一番折騰，台灣終於引進疫苗，但民眾施打意願低落，請問如何用回饋環分析台灣施打疫苗的情勢？

A 老師：台灣疫苗接種落入「產品不確認」陷阱，將嚴重影響台灣後疫情發展及國際接軌的形勢。下圖是台灣疫苗接種的三重調節回饋環，第一環 B1，基本環，這是一個向目標發展的普通環路；第二環 B2，意願環，在正常運作下意願將逐漸加強；第三環 B3，滿意度環，這是三環中的關鍵。

疫苗產品確認度與疫苗施打

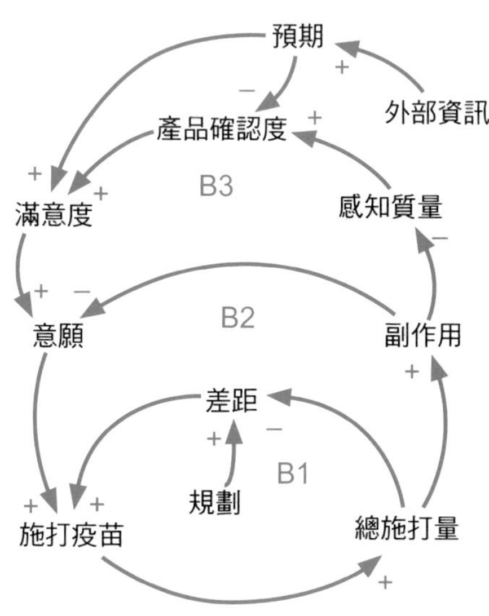

疫苗產品不確認度與疫苗施打

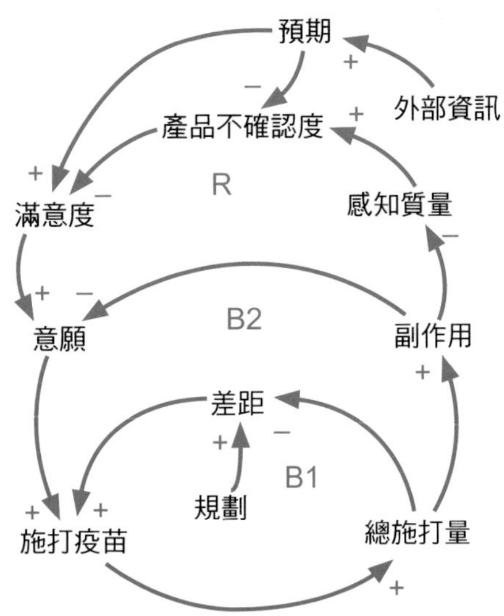

根據奧利弗（Richard L. Oliver）的「期望確認理論」，購買後滿意度來源於預期和感知的互動，如果實際品質和期望之間的差異很小，這種感知就會受到預期的影響，感知到的水準會被預期同化。如果感知的品質低於預期，客戶滿意度將從期望建立的水準而下滑。台灣目前沒有國產疫苗，因此有關疫苗品質的評價完全是境外的品牌。境外 AZ 施打的負作用消息傳播後台灣才開始第一波施打 AZ，所有企圖重建該品牌的努力均已困難，因為迴路圖中的 B3 環中的「產品確認度」變成了「產品不確認度」，受它影響的「滿意度」由正號變為負號，整個 B3 環由調節環變成增強環 R。因為 R 環是一個增強環，會使產品不確認度的影響放大而延緩台灣疫苗施打的正常進度。

7-4 對稱實驗室的另類方法

Q 學生 Chong：聽說系統思考模型還有其他的分類方法，可以介紹一下嗎？

A 老　師：英國有一個對外服務的系統動力學實驗室，叫「對稱實驗室（SymmetricLab）」（https://www.symmetriclab.com/），實驗室副主任埃里克．沃爾斯滕霍姆（Eric Wolstenholme）是利茲．貝克特大學（Leeds Beckett University）的名譽教授，專門研究統思維與系統動力學的公共衛生和社會護理模型。沃爾斯滕霍姆的系統思考分類矩陣如下表。

沃爾斯滕霍姆的系統思考通用模式

		系統預期的行為	
		控制型	**成長型**
系統反應	**對抗型**	I 類 B/R 調節環對抗增強環	II 類 R/B 增強環對抗調節環
	競爭型	III 類 B/B 調節環與調節環競爭	IV 類 R/R 增強環與增強環競爭

沃爾斯滕霍姆認為回饋環多是成對出現的，根據系統行為和系統反應可以把成對的回饋環分成上述四大類。第 I 類 B/R 相當於第 3 章的系統思考基模一「事與願違」，第 II 類 R/B 相當於系統思考基模三「成功的極限」，第 III 類 B/B 相當於系統思考基模七「惡性競爭」，第 IV 類 R/R 相當於系統思考基模六「勝者恆勝」。

沃爾斯滕霍姆的雙回饋環範本如下面的圖，它們的特徵如下：上方的環路表示在此部門可觀察到的一某種活動可預期的結果，經過某種時間差，一個意外的結果出現在另一個部門（圖下方的環路中），例如前面鋼鐵廠的故事，鋼鐵廠成功地引進了大型設備，可是電力部門的供電卻意外中斷。沃爾斯滕霍姆區分了鄰近雙環相對位置的不同影響，例如範本圖（上）左右兩側的回饋環結構，左邊的是 B/R，右圖是 B/B，他們產生的意外後果原因不同，前者是因為活動，後者是因為問題。沃爾斯滕霍姆通用模式的另一個特點是每種模式都有一個解決問題的連接路徑，即沃爾斯滕霍姆模式不僅是發現問題的模式，同時也是解決問題的模式，

沃爾斯滕霍姆回饋環通用範本（上）

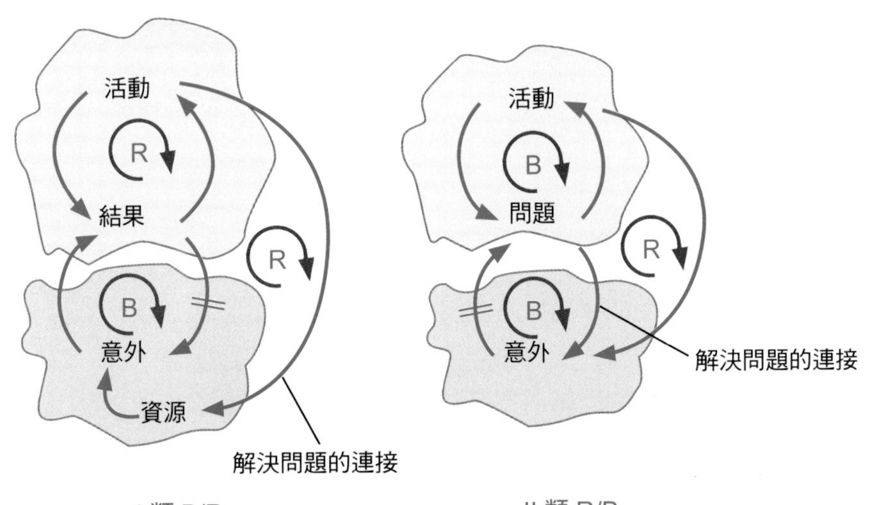

沃爾斯滕霍姆回饋環通用範本（下）

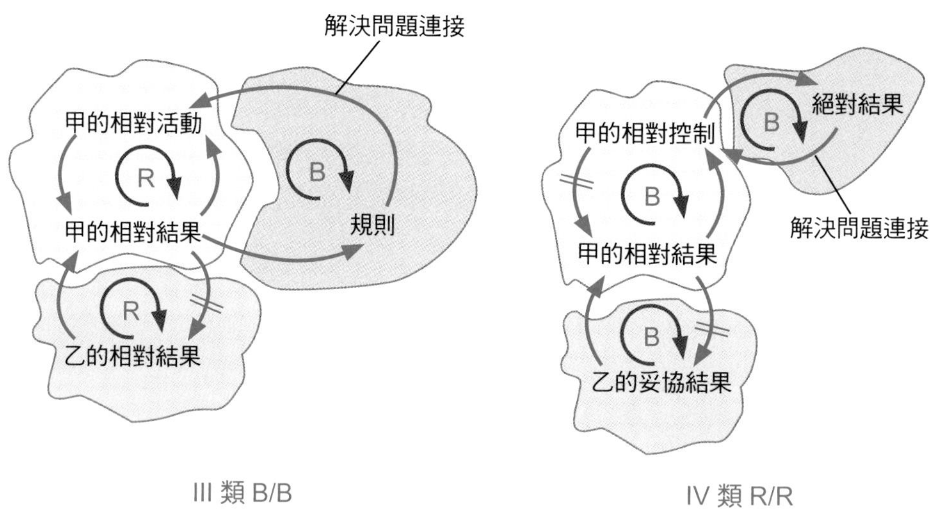

Q 學生：可以舉例說明沃爾斯滕霍姆分類方法的應用嗎？

A 老師：沃爾斯滕霍姆把所有可能出現的問題分為上述四類，每一類都是以兩個相鄰的回饋環為基礎，根據它們的 R/B 的相對位置找出解決問題的連接。現以各國接種疫苗的副作用為例，可用沃爾斯滕霍姆 I 類 B/R 結構，但應略加改造，如下不良反應圖。第一個 B 環可稱為可預期的調節環，路線如下：疫苗進口→疫苗→接種→疫苗進口，該環跨越貿易和醫療兩個系統。第二個 B 環可稱為帶遲延的非預期調節環，路線如下：接種→不良反應者→接種，這是意外的系統，該環跨越醫療和接種者兩個系統。

接種疫苗的不良反應回饋環結構

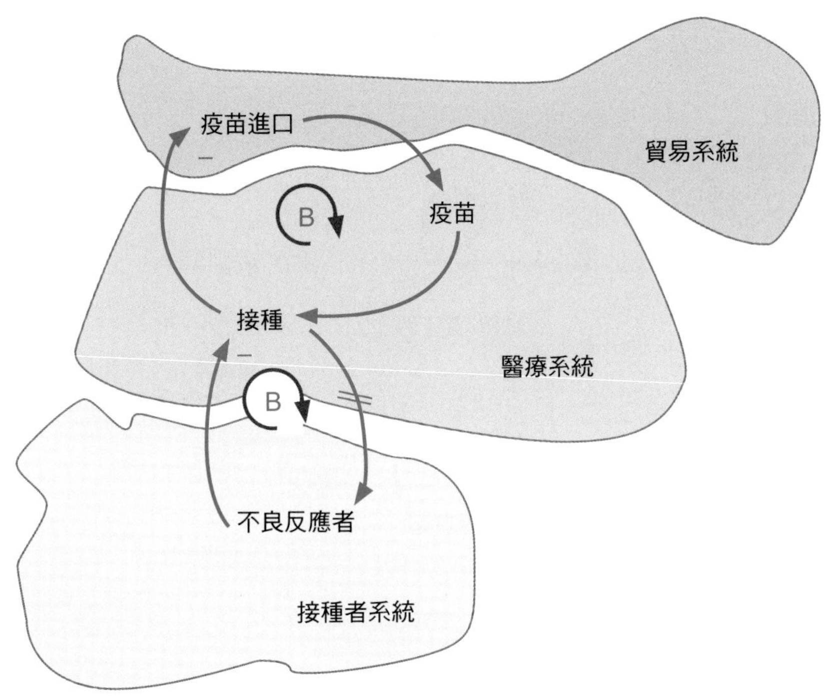

對於 I 類 B/R 問題結構而言，沃爾斯滕霍姆模式其解決問題的連接，如下的連接路徑圖所示。

解決問題的連接路徑

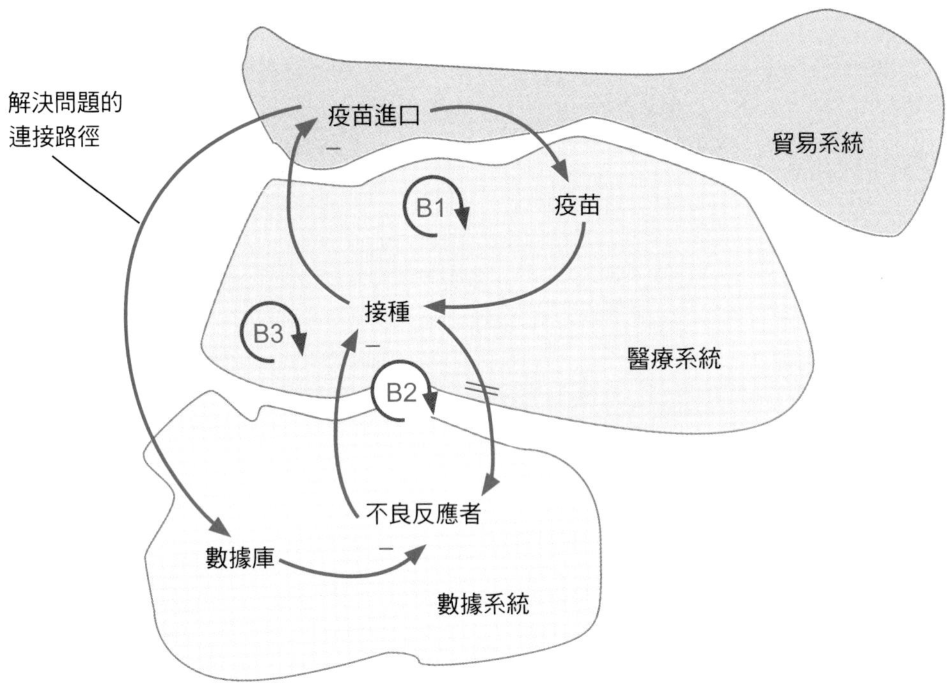

為降低不良反應的不斷增加，應創造一個新變量「數據庫」，將「疫苗進口」連接到「數據庫」，再由「數據庫」連接到「不良反應者」，組成回饋環B3。該數據庫提供年齡、敏感史等以及接種副作用的概率分布，整個結構可以按照解題的需要一步步擴展。沃爾斯滕霍姆通用範本雖然活絡思考，但是鄰近耦合的雙回饋環不是時時刻刻都有的，因此要有技巧地把沃爾斯滕霍姆雙環嵌套在系統迴路中。

7-5 若干小案例

7-5-1 重做

（一）贏了今天輸了明天，重做

為什麼我們沒有時間把一件事徹底做好，卻有時間一遍又一遍地重做改正錯誤呢？表面上看快手贏了今天，不斷地重做卻讓他輸了明天，划算嗎？重做的結構十分簡單而且很面熟（見迴路結構圖），想一想，這和彼得．聖吉的哪個基模最像。

下面這個結構可用來解釋連鎖店的擴張，共有七個變量、四個環。第一個環 B1，為調節型，路徑如下：目標用戶數→差值→急迫感→決策速度→錯誤→實際用戶數→目標用戶數。第二個環 R1，為增強環，路徑如下：實際用戶數→差值→急迫感→決策速度→錯誤→實際用戶數。第三個環 R2，為增強環，路徑如下：急迫感→決策速度→錯誤→重做→急迫感。第四個環 B2，為調節型，路徑如下：目標用戶數→重做→急迫感→決策速度→錯誤→實際用戶數→目標用戶數。在整個環路中，「重做」的行為模式確定了整個系統運作的時間消耗，B2 和 R2 兩條路徑都要經過「重做」，由此確定了重做的行為模式。

重做的迴路結構

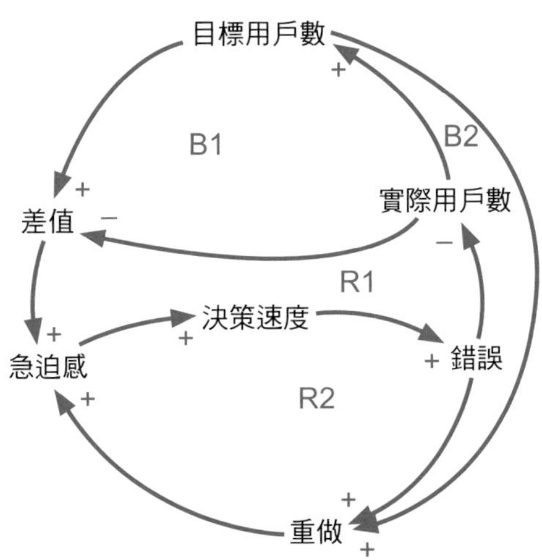

2000 年代美國有一個名為 Notes.com 前途似錦的線上公司，最終只有 19 個月壽命就倒了。這是一家新創的互聯網公司，它提供大學課程線上筆記的服務。一開始只有 7 個大學校區，到了第二學期服務範圍擴張到 86 個校區，第三學期成長到 150 個。每一個校區 Notes.com 都有專人負責組織筆記抄寫團隊，每一個團隊大約有 50 人。自創立以來，Notes.com 一直承受著急迫感，來源有二，其一是目標與實際用戶數之間的差距，其二是資金依靠創投基金維持，發展慢了便申請不到費用，因而強迫公司迅速做出決策。在增強環 R1 和 R2 的加強回饋下，錯誤和目標用戶與實際用戶的差距越來越大，最後得不到創投基金的支持，忙了 19 個月就倒閉了。有人把錯誤和重做稱為「速度的陷阱」（Speed Trap）。

7-5-2　台灣用水安全的長遠之計

台灣水荒已嚴重影響民生和經濟，當局至今仍找不到大的方向，下圖是一個可以參考的系統分析，這張圖列出五個重要的決定因素：全球變遷、水庫、管路年齡、汙水處理設備、水價，其中除第一因素「全球變遷」無力回天外，其餘者皆可操控，可惜歷屆政府只會觀察水庫之滿載率，要見底了就去祈禱降雨，年復一年歲月蹉跎，這就是台灣用水安全的「水庫陷阱」。

台灣解決水荒的系統思考

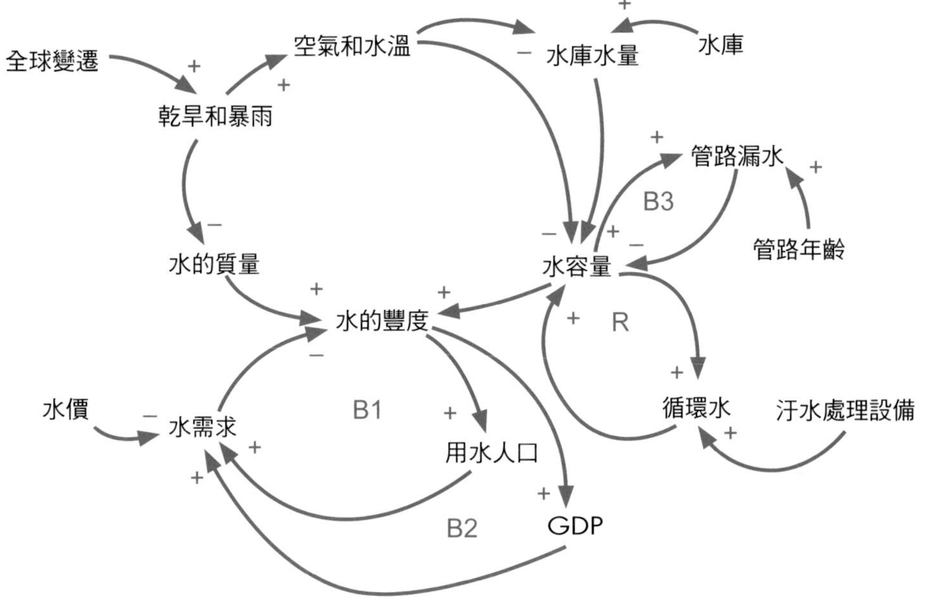

請觀察本系統外生的五個懸掛變量及其影響，第一、全球變遷，它的時間尺度大約 500-1,000 年，目前處在乾旱和暴雨極端共存的歷史時期，受它影響空氣和水溫上升，水質惡化。第二、水庫，它的時間尺度大約是 100 年，受氣候乾旱和暴雨影響，使台灣水庫的平均生命週期縮短，許多水庫處於中老年階段。第三、管路年齡，它的時間尺度大約 50 年，目前 30-40% 的台灣用水管路已經老化，全年漏水 4.4 億公噸，漏水最多的基隆市漏水率高達 24.14%。管路漏水使水容量不斷耗散，它是水資源的敵人。第四、汙水處理設備，在水容量系統中它是唯一的增強環，可惜許多人沒有看到它的槓桿作用，它可以使水容量扶搖直上。台灣各級汙水處理廠大約有 50 家，有待新政策的青睞而使之壯大。第五、水價，它的時間尺度應以 5-10 年計。台灣水價近 30 年未曾調整，大約是全球平均水價的 1/4。在水需求系統中水價具有最強大的槓桿力量，顧及民眾的反彈沒有人敢直接操作它的升降。按圖索驥，台灣用水安全之何去何從應該很清楚了，確保用水安全的可持續手段應該是發展汙水處理系統，發動全面的循環水工程，使台灣用水策略從壓榨自然的水庫陷阱中自拔。

7-6 一個實例，MGI 公司

英國 ProPeforma Simulation 諮詢公司專事動態模擬和培訓，公司網站有一頁介紹利用因果回饋環系統思考提高銷售的諮詢案例。他們服務的對象是一家叫 MGI 的新創公司。MGI 的產品不多，開創前幾年銷售的成長還算可以，但自 2017 年後成長不如預期，歷史的銷售情況如下圖，MGI 希望未來的銷售能消除波動而指數成長。

MGI 的銷售情況

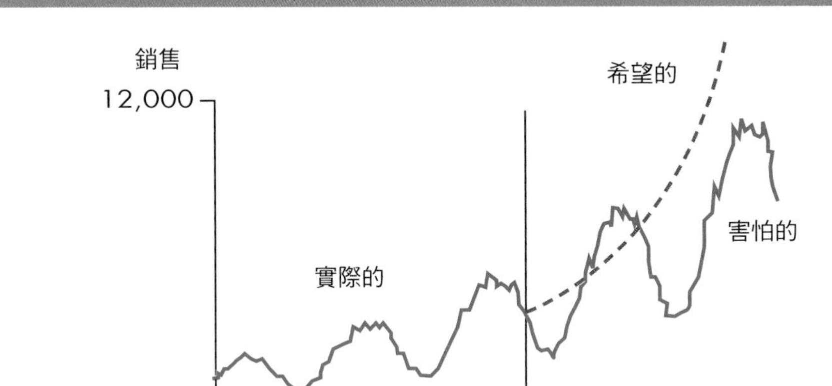

資料來源：http://www.properformasimulation.co.uk/systems-thinking-case-study.html.

ProPeforma 對 MGI 公司現在的銷售生產系統做了如下圖的回饋環分析。

MGI 公司生產銷售系統回饋環分析

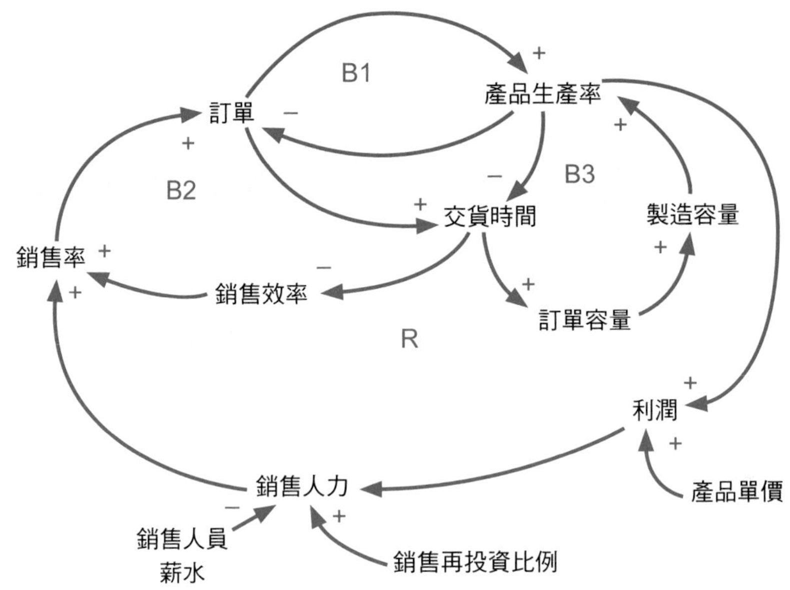

MGI 僱用直接銷售人員銷售產品，產品按訂單生產，交貨後 30 天即可收到付款，MGI 將一部分收入重新投資以擴大銷售隊伍。

第一個回饋環 B1：訂單→產品生產率→訂單，這是一個調節環。產品生產率是指單位時間的生產商品的數量。訂單增加促使生產加大，生產加大使現有訂單減少，這是一個起伏平衡的過程。

生產率的調節環

B1

訂單 – + 產品生產率

第二個回饋環 B2 也是調節環：訂單→交貨時間→銷售效率→銷售率→訂單。交貨時間也稱前置時間，指採購方從下單開始到供應商完成交貨為止的間隔時間。銷售效率等於「銷售電話次數」乘「成功銷售電話的百分比」，銷售率是每個銷售人員的銷售完成率。

訂單的調節環

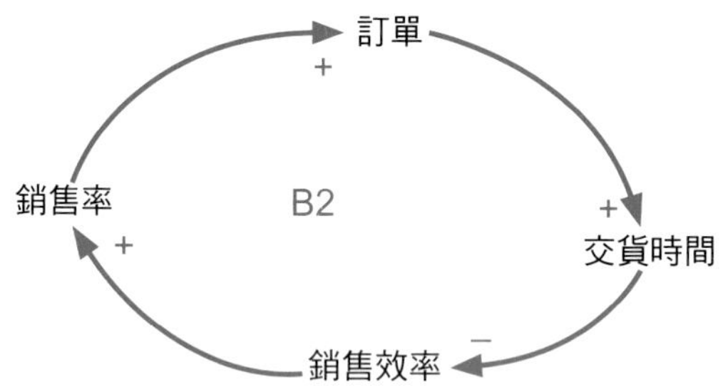

交貨時間十分敏感，如果超過 60 天，客戶便會放棄繼續訂貨。如果訂單增加，那麼交貨時間會延長，因此銷售效率降低，這意味著訂單也會減少。生產能力允許時應立即執行訂單。如果積壓的訂單增加，交貨時間就會增加。當客戶認為交貨時間太長時，銷售人員就很難贏得訂單。

Q 學生：為什麼 **B2** 要用兩個含義相仿的銷售指標？

A 老師：問得很好，估計這是 MGI 公司要求諮詢專家必須分析的變量。其實若無特殊要求，用任何一個皆可以得到同樣的效果。

替代方案

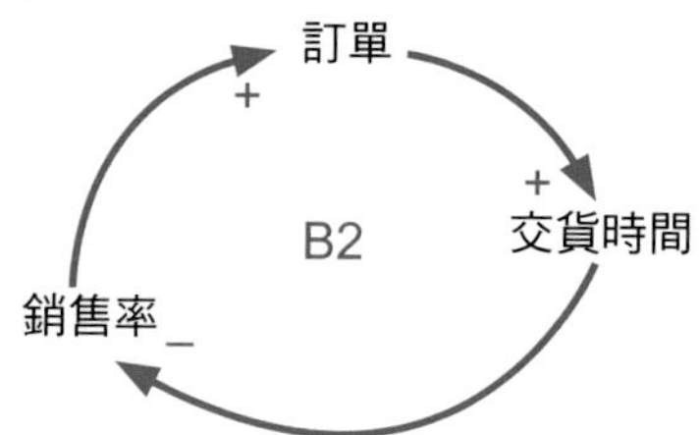

第三個回饋環 B3 調節環：產品生產率→交貨時間→訂單容量→製造容量→產品生產率。與 B2 的情況相仿，如果訂單容量不是 MGI 要求分析的指標，也可以不包含在 B3 環。

擴大製造容量的回饋環

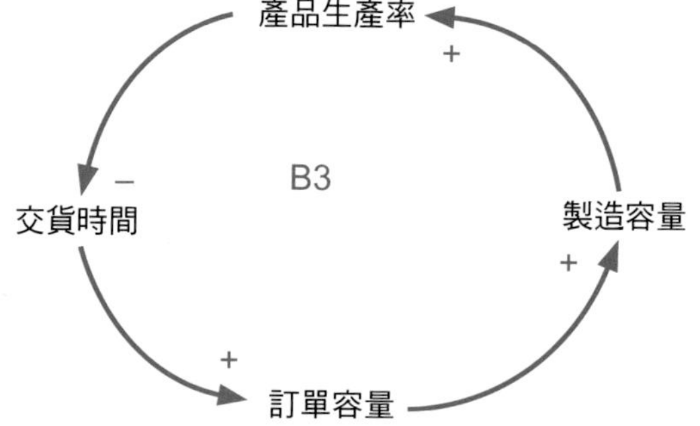

第四個回饋環 R 增強環：產品生產率→利潤→銷售人力→銷售率→訂單→產品生產率。

利潤成長的增強環

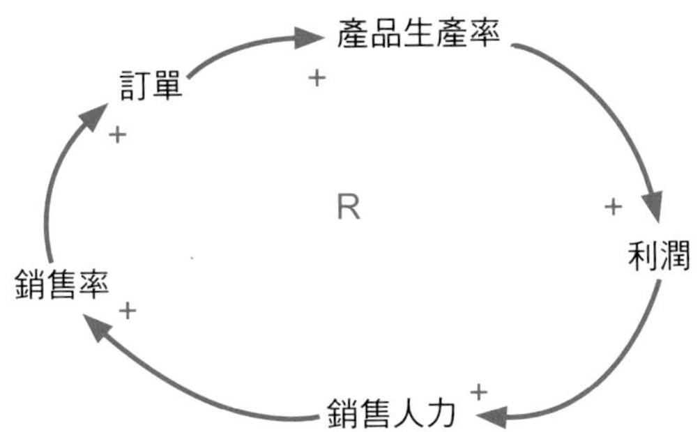

如果銷售人員增加，那麼銷售率將增加，並且在製造訂單和發貨後收入將增加，結果銷售人員也將再增加。

如果把 MGI 的功能部門分為三個系統：銷售、生產和財務，則系統的邊界結構如下圖。

MGI 公司生產銷售財務系統的回饋環結構

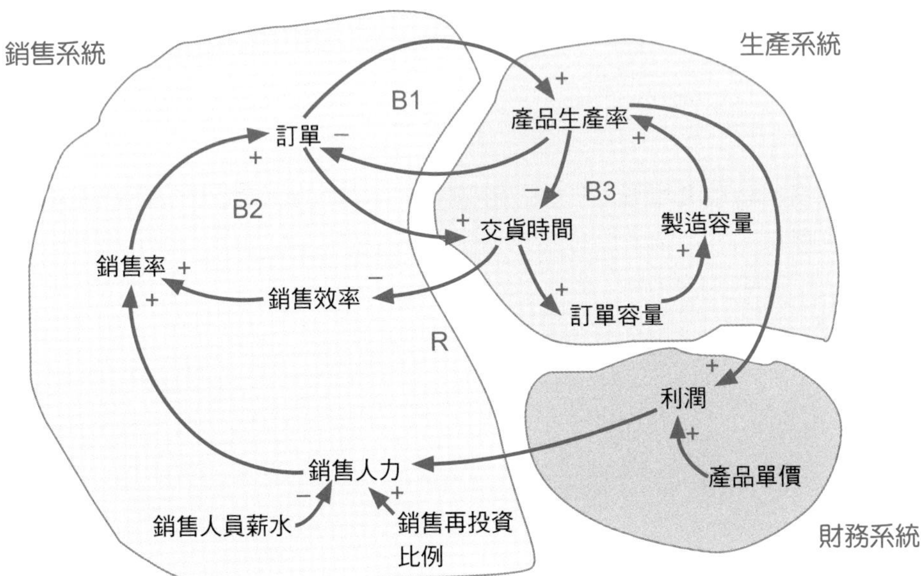

諮詢專家們認為訂單產能是否擴大，目前由生產系統滯後變量「交貨時間」所決定（見 B3 環），這是一種不斷波動的機制，因為產能提高要很長時間，等到產品上線時客戶早已停止下單，結果產能增加了銷售卻下降。建議的解決方案是利用銷售預測的超前資訊和銷售人員增長的政策，作為推動產能增加的槓桿，這樣可以確保生成訂單的能力和執行這些訂單的能力同步增長。

利用預測數據決定生產能力的改善方案

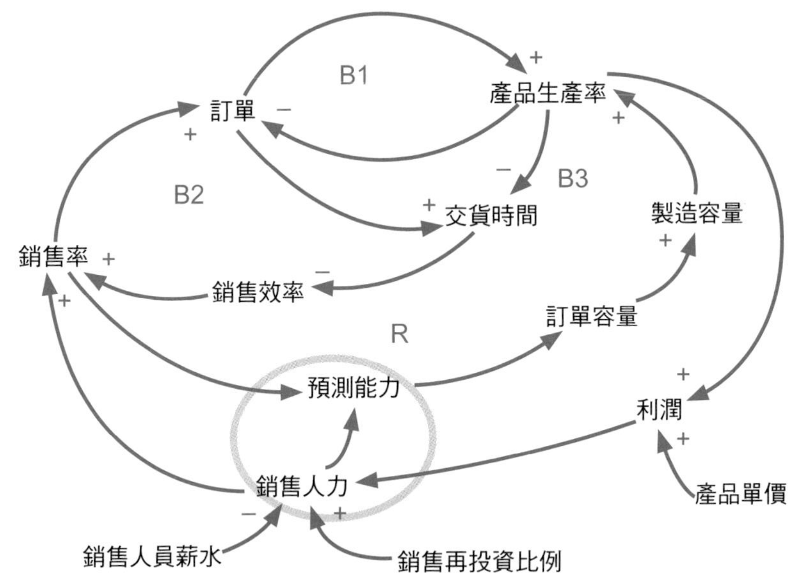

諮詢專家企圖用超前預測的銷售數據來確定生產容量，並以此消除產量和訂單的振盪，這種做法是否有效是存疑的，因為預測的誤差會帶入產量和訂單的計算，長期積累將引起系統更大的振盪。很遺憾，關於本案例的「預測能力」的內容和方法並沒有介紹。通常消除系統的振盪是引入預期指標，例如「預期的銷售率」、「預期的訂單」等。

7-7 COVID-19 新冠肺炎世紀大流行

7-7-1 如何分析 COVID-19 世紀大流行

COVID-19 疫情 2019 年 12 月初在大陸的武漢市揭露，隨後逐漸變成一場全球性大瘟疫。截至 2021 年 4 月 17 日，全球已有 192 個國家和地區累計報告逾 1.4 億例確診個案，其中逾 300.2 萬人死亡，是人類歷史上大規模流行病之一，全球初步修正的病死率約為 2.9%，全球經濟萎縮 3%。

全球 COVID-19 累計確診數圖

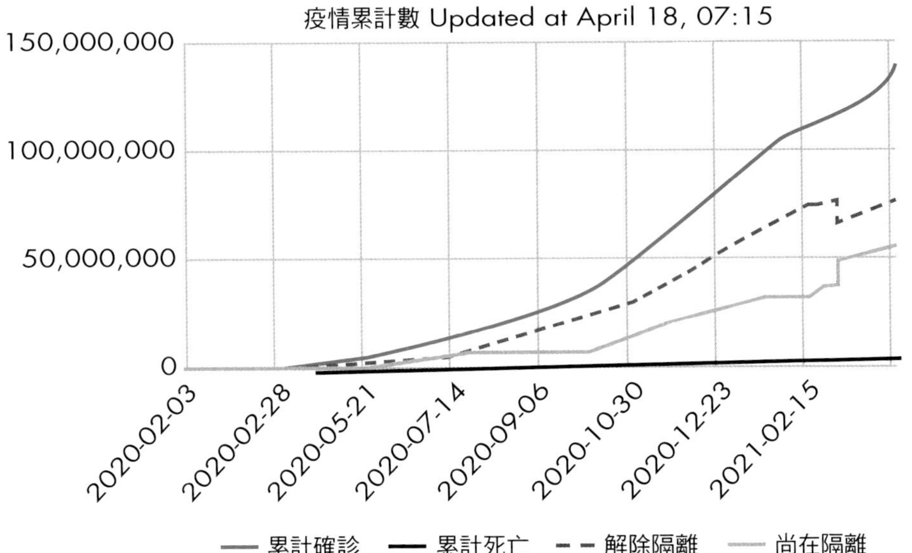

全球 COVID-19 每日新增確診數

全球疫情每日新增數

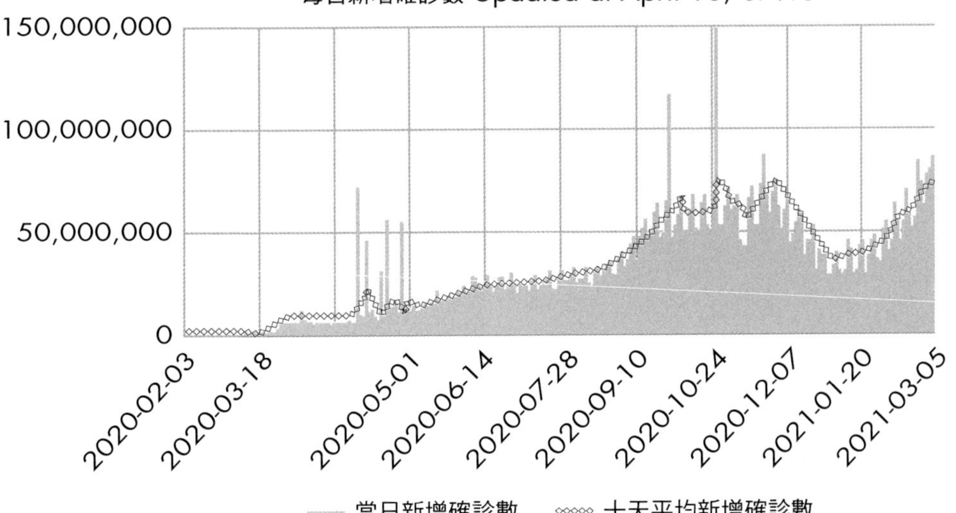

Q 學生：如何用系統思考 **CLD** 的方法分析新冠肺炎大流行？這個分析系統的邊界在哪裡？一共有多少元素？

A 老師：全球有許多研究機構在進行這方面的研究，下面是澳洲格里菲斯大學（Griffith University）薩欣（Oz Sahin）等人提出的報告。

COVID-19 疫情因果回饋環共包含 5 **個系統**：經濟、環境、政府干預、健康和社會；12 **個增強環**，5 **個調節環**，共計 39 **個因素**

COVID-19 影響的因果回饋環分析

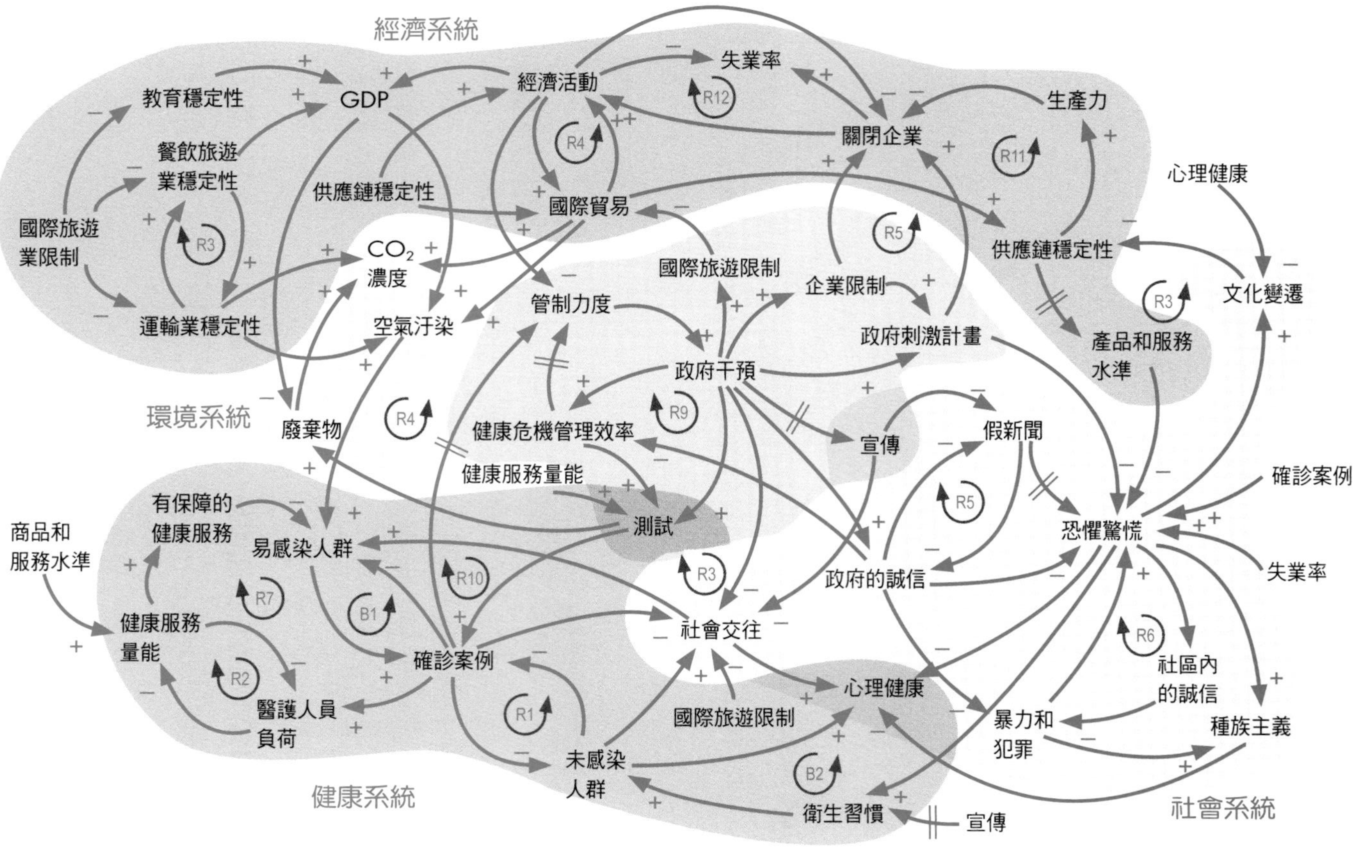

資料來源：Sahin. Oz , Salim. Hengky, et al, :Developing a Preliminary Causal Loop Diagram for Understanding the Wicked Complexity of the COVID-19 Pandemic, https://espace.library.uq.edu.au/view/UQ:8305628.

經濟系統回饋環結構

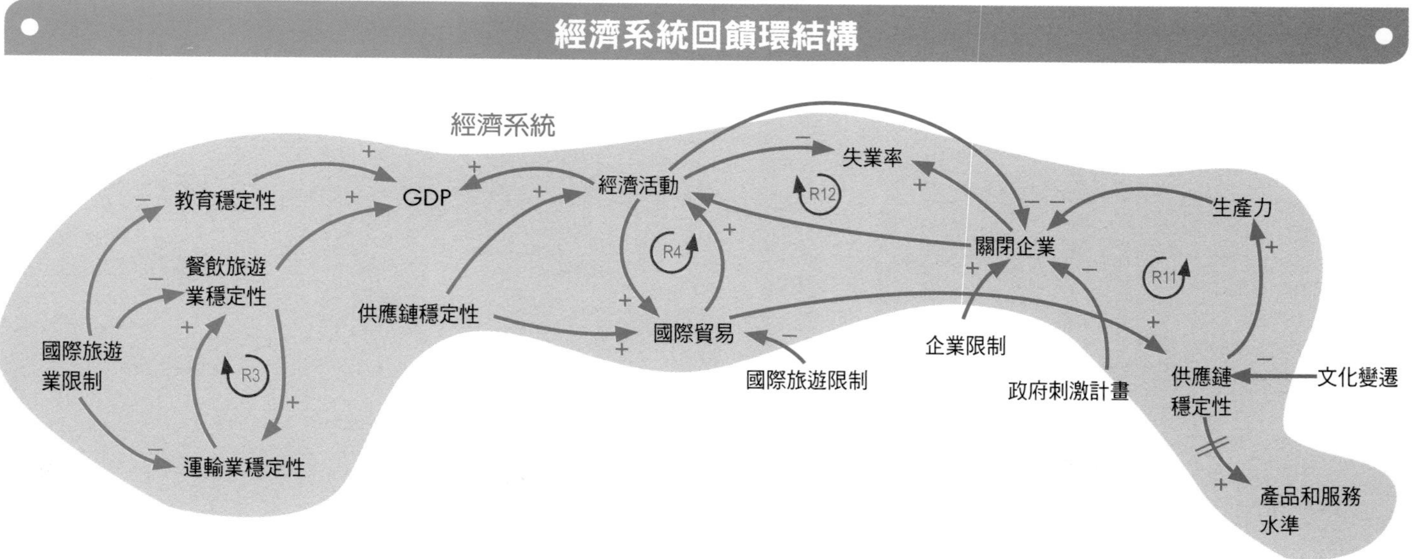
經濟系統
GDP
教育穩定性
餐飲旅遊業穩定性
運輸業穩定性
國際旅遊業限制
R3
供應鏈穩定性
經濟活動
國際貿易
R4
失業率
R12
關閉企業
國際旅遊限制
企業限制
政府刺激計畫
生產力
R11
供應鏈穩定性
文化變遷
產品和服務水準

經濟系統共有 12 項因素，構成 4 個增強環：R3、R4、R11 和 R12。3 個輸入變量來自政府干預系統：國際旅遊業限制、企業限制和政府刺激計畫。1 個輸入變量：文化變遷，來自社會系統。4 個輸出變量：運輸業穩定性、GDP、國際貿易和經濟活動對環境及政府干預力度發生影響。

政府干預系統三大因素：政府干預、企業限制和政府刺激計畫，是影響經濟系統的槓桿群，它們對經濟的影響透過兩個回饋環，第一個環是調節環，路徑為：政府干預→政府刺激計畫→關閉企業→經濟活動→管制力度，再回到政府干預。第二個環是增強環，路徑為：政府干預→企業限制→關閉企業→經濟活動→管制力度，再回到政府干預。如果企業限制的增強環壓制了政府刺激計畫的調節環，經濟活動將陷入政府干預的惡性循環。政府干預和刺激計畫是兩項決定疫情期間各國經濟狀態的重要因素，通常政府的刺激計畫均無敵於政府干預的效果，所以疫情期間經濟下行是常態。

影響經濟活動的回饋環

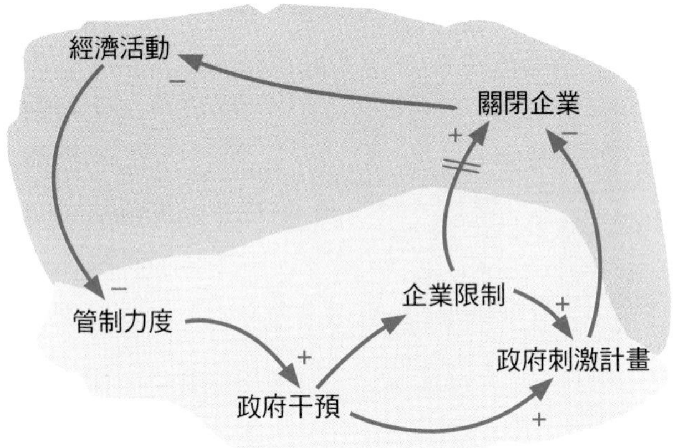

7-7-2 社會系統

社會系統共有 10 項因素：文化變遷、恐懼驚慌、假新聞、宣傳、政府的誠信、社會交往、心理健康、暴力和犯罪、種族主義以及社區內的誠信。影響社會系統的外部因素有：心理健康、產品和服務水準、政府刺激計畫、政府干預、國際旅遊限制以及未感染人群。

社會系統回饋環結構

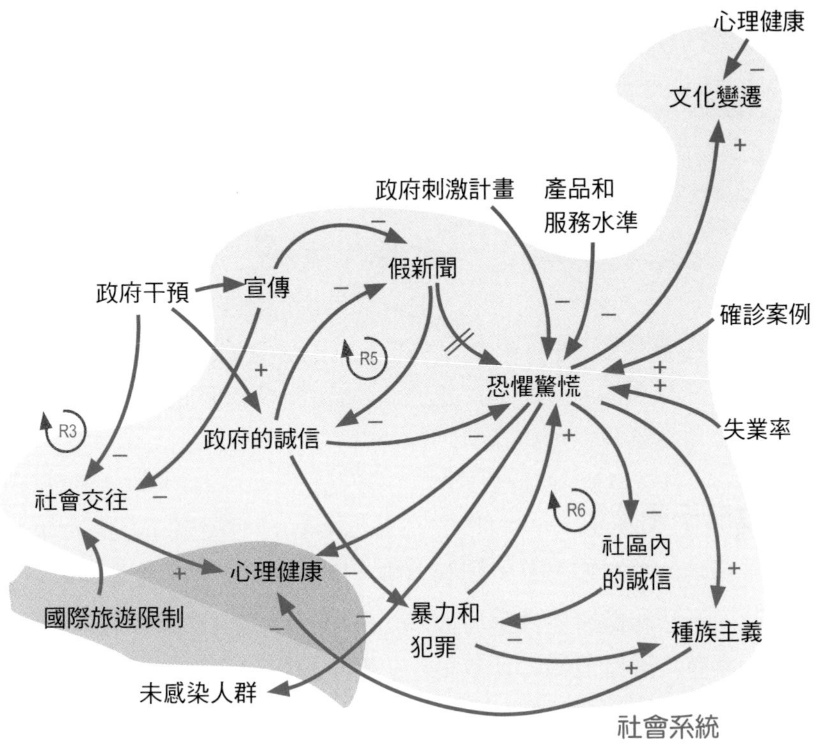

社會系統有兩個增強回饋環，一個環由假新聞和政府誠信組成，另一個環由恐懼驚慌、社區內的誠信以及暴力和犯罪組成。如果這個國家的政府誠信和社區誠信都有問題，必定落入誠信陷阱而動亂不止。社會系統的恐懼驚慌必定影響到健康系統，如果在原圖社會系統的框架內增加一個因果環，將心理健康和恐懼驚慌連接，一個新的調節環形成，路徑如下：恐懼驚慌→衛生習慣＋→未感染人群＋→確診案例－→社會交往－→心理健康＋，再到恐懼驚慌－。這個新建的因果環說明，社會系統的恐懼驚慌因素將跨越社會系統，最終使健康系統中的確診案例增加。

社會系統的恐懼驚慌波及健康系統的確診案例

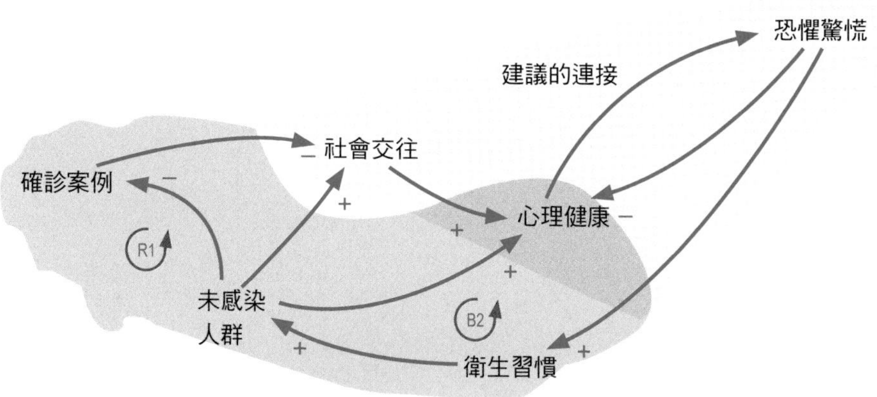

7-7-3 政府干預系統

政府干預系統有五項因素：管制力度、國際旅遊限制、企業限制、政府刺激計畫、政府干預和健康危機管理效率。系統外部的輸入因素為經濟活動，系統輸出的因素有：健康危機管理效率、政府干預和政府刺激計畫，它們直接影響經濟、社會和健康三個系統。**政府干預是槓桿中的槓桿**，經濟活動對政府干預的反作用使「管制力度」放鬆。管制力度、政府干預和健康危機管理的鐵三角關係對疫情期間企業限制和經濟復甦有決定性影響。

政府干預及其影響範圍

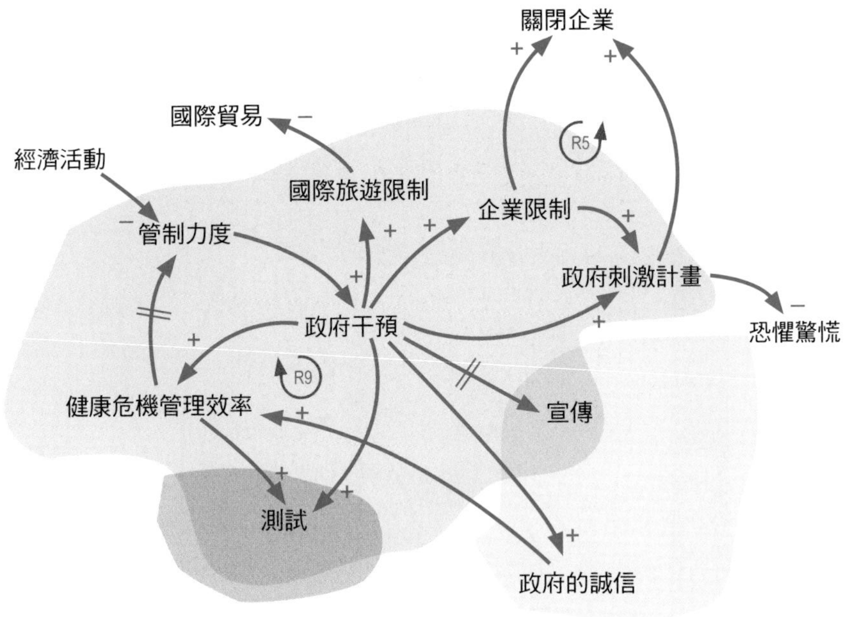

7-7-4 健康系統

健康系統有以下因素：有保障的健康服務、健康服務量能、醫護人員負荷、易感染人群、未感染人群、衛生習慣、測試和確診案例共八項。健康系統中有一對關鍵的回饋環即圖中的 B1 和 R1，前者是易感染人群和確診案例構成的調節環，後者是未感染人群和確診案例構成的增強環，要遏制確診案例的增加只有保住未感染人群的不下降，因此**衛生習慣是健康系統中的重要槓桿**。

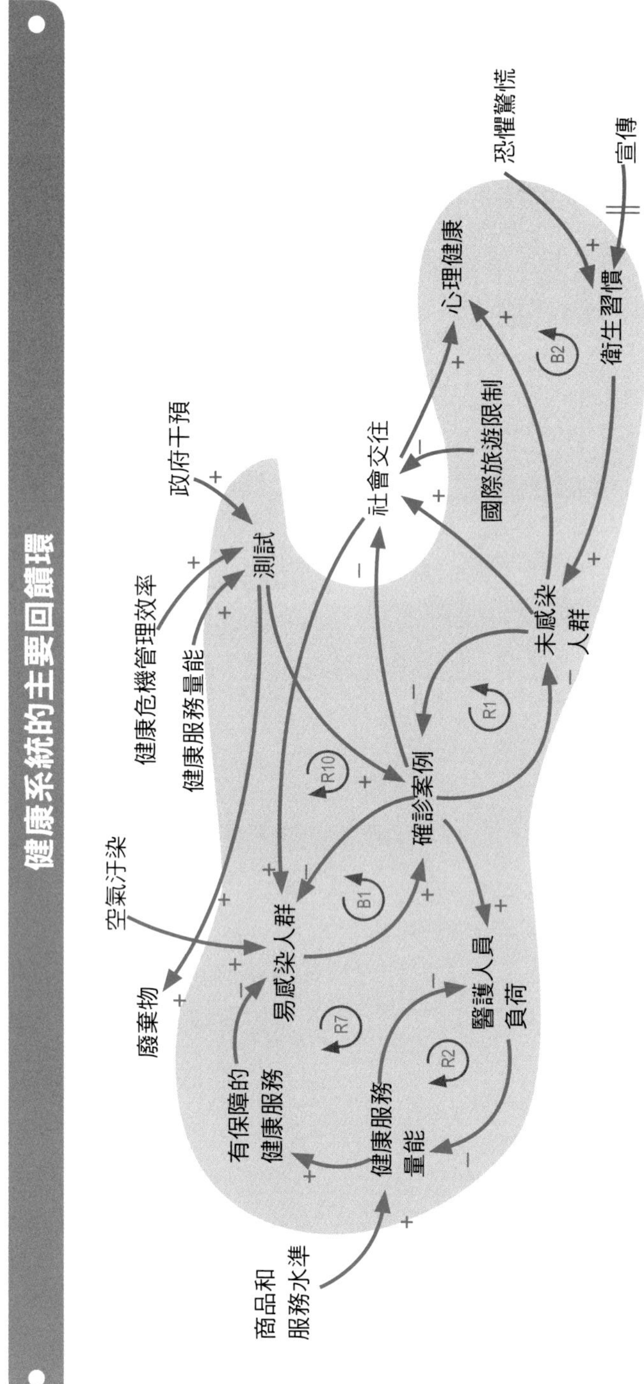
健康系統的主要回饋環
恐懼驚慌
宣傳
衛生習慣
心理健康
B2
國際旅遊限制
社會交往
政府干預
測試
健康危機管理效率
健康服務量能
未感染人群
R1
確診案例
R10
B1
空氣汙染
易感染人群
醫護人員負荷
廢棄物
R7
R2
有保障的健康服務
健康服務量能
商品和服務水準

7-7-5 亞洲經驗　應該在健康系統中增加口罩的作用

健康系統回饋環圖中的「衛生習慣」太籠統，不足以反應亞洲，尤其是台灣的戴口罩和勤洗手的有效經驗。筆者認為如果在薩欣的模型中增加一個連接效果會更好，建議用「口罩和洗手」代替原先的「衛生習慣」，補充的回饋環結構 R13 如下，於是 B1、R1 和 R13 是控制疫情演化的三個主要回饋環。

補充回饋環 R13

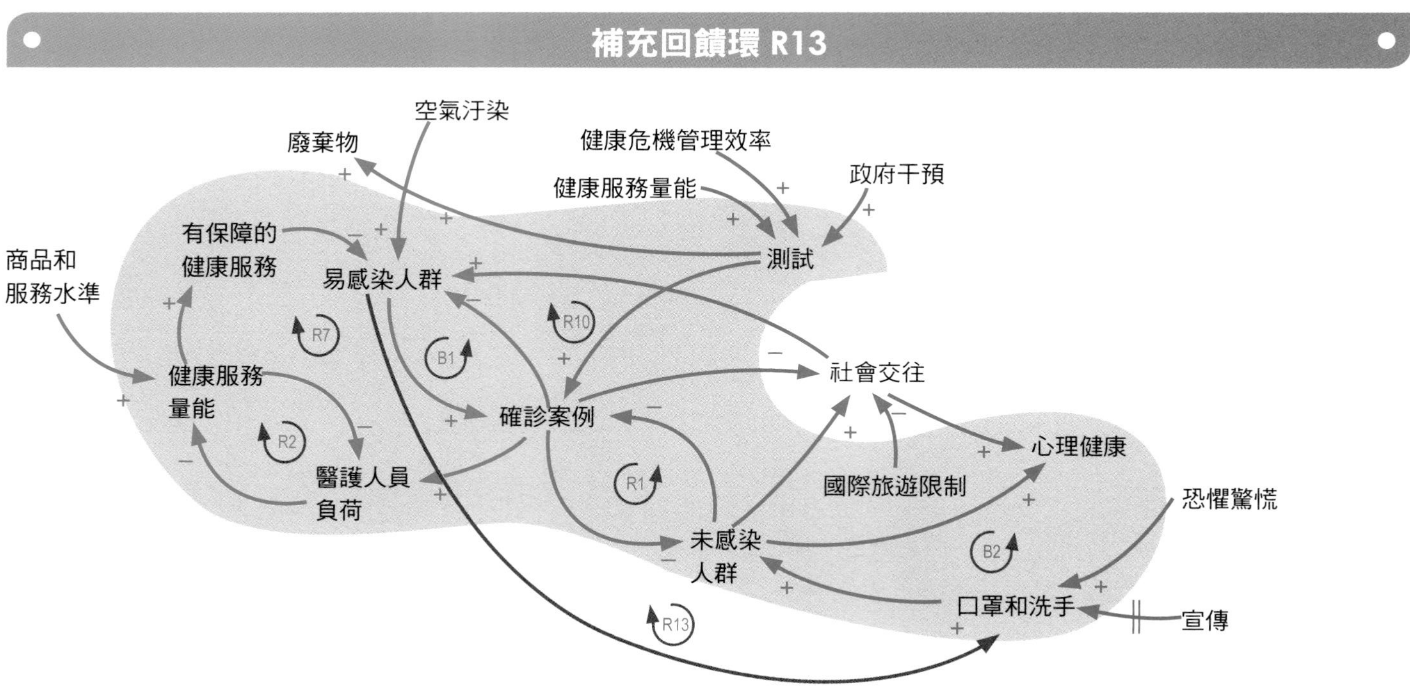

空氣汙染
廢棄物
健康危機管理效率
健康服務量能
政府干預
測試
有保障的
健康服務
商品和
服務水準
易感染人群
R7
B1
R10
健康服務
量能
社會交往
確診案例
R2
醫護人員
負荷
R1
心理健康
國際旅遊限制
恐懼驚慌
未感染
人群
B2
口罩和洗手
宣傳
R13

7-7-6 補充回饋環的細部設計

如果我們把補充回饋環 R13 圖的 B1、R1 和 R13 三個回饋環獨立出來再加以補充，可以看到彼得・聖吉基模二的影子，這是一個上癮的結構。

口罩洗手的上癮結構

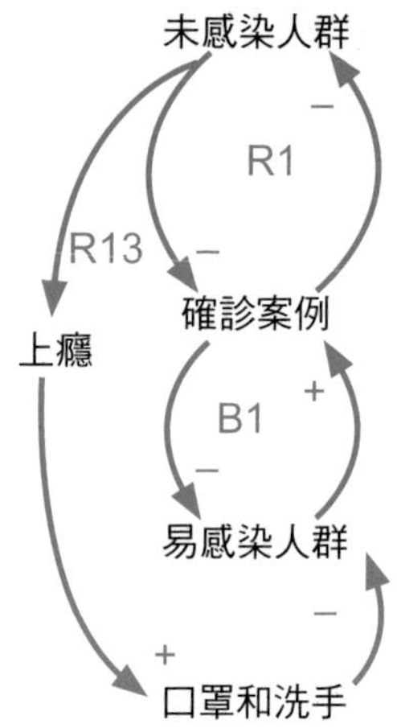

2021 年起各國開始施打疫苗，因此原健康系統中有必要再增加「疫苗」元素，相應的回饋環如疫苗和口罩結果圖。

疫苗和口罩的雙重結構

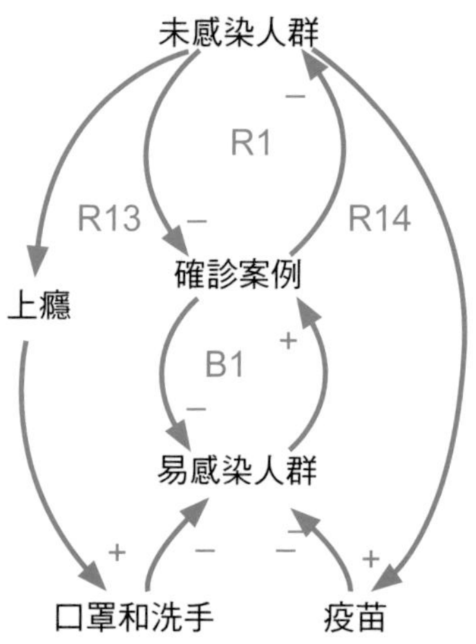

在後疫情階段，疫苗和口罩的雙重上癮結構將發揮重要作用。

7-7-7 環境系統

環境系統只有三項因素：CO_2 濃度、空氣汙染和廢棄物，對環境系統有影響的外部輸入也有三項因素：運輸業穩定性、國際貿易和測試。

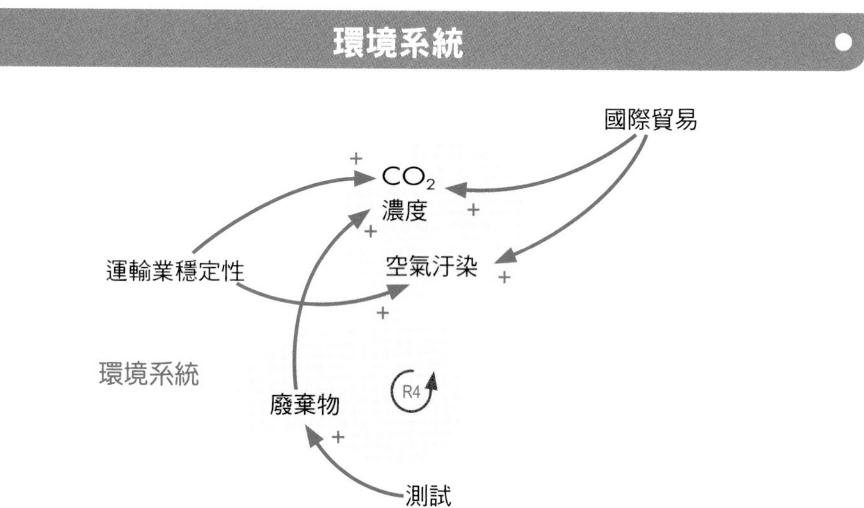

7-7-8 結語

COVID-19 疫情對人類的影響是一個棘手的研究問題，因為大流行的複雜性超越了衛生、環境、社會和經濟邊界。許多國家把重點放在病毒控制和金融措施兩方面，仍有重踏「事與願違」基模的可能，不知道會有哪些意外，更有重複「捨本逐末」基模的可能，不知道會染上哪些上癮的壞習慣。

Chapter 8

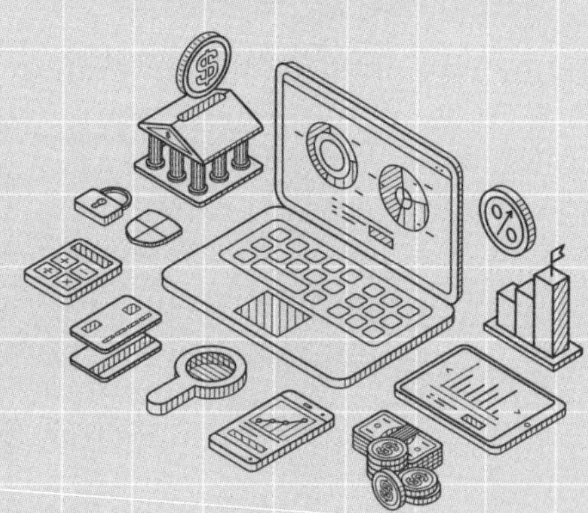

挑戰

Q 老　師：我們應該怎樣結束「系統思考」的系列講座呢？不妨從挑戰的角度來稍事討論，請同學們先談。

A 學生 Sophie：自從彼得．聖吉的《第五項修練》問世的幾十年來，世界的精英階層、各類管理機構的智囊集團應該已經掌握系統思考的基本原理，為什麼世界治理、市場秩序和公共事務沒有任何改善，反而越來越壞，特別是 COVID-19 蔓延以後，最典型的例子是最近俄羅斯和烏克蘭的戰爭。

A 學生 Peter：我聽說有一種解釋為「我們透過後視鏡看世界，我們是倒著走向世界未來的。」人類至今不知道怎樣爭取未來。

Q 老　師：這個見解聽起來好像有道理，哪位可以對此補充？

A 學生 Chong：我以前修過媒體理論，我記得是加拿大的傳播學大師馬歇爾．麥克盧漢（Marshall McLuhan）說的，但在什麼場合講的忘記了。

A 學生 Daniel：好像在 1960 年代他和其他學者的聯合著作 *The Medium is the Massage* 中，這本書應該有中譯本。他的意思是說，由於環境在其初創期是看不見的，人只能意識到這個新環境之前的老環境。換句話說，只有當它被新環境取代時，老環境才成為看得見的東西。因此，我們看世界的觀點總是要落後一步。

麥克盧漢（Marshall McLuhan, 1911-1980）

8-1 逆原型

8-1-1 逆原型（Anti-Archetypes）

加拿大未來學家利亞・扎伊迪（Leah Zaidi）2022 年 2 月在 *World Futures Review*（《世界未來評論》）期刊上發表重要論文 *Anti-Archetypes: Patterns of Hope*（〈逆原型：希望的類型〉），公開向彼得・聖吉的系統思考基模挑戰如何面對未來。

扎伊迪是一家名為「Multiverse Design（多元宇宙戰略遠見諮詢公司）」的執行董事，曾屢獲「戰略遠見」的殊榮，她曾為聯合國、財富 100 強公司、史丹佛大學、OECD 和其他著名機構提供戰略設計，她是唯一一位準確警告 COVID-19、川普煽動民兵襲擊以及俄羅斯嘗試非線性戰爭（包括吞併烏克蘭）的未來學家。她的「逆原型」是否受到「我們透過後視鏡看世界」觀點影響目前不得而知，但她確實指出了彼得・聖吉系統思考基模某種未來學意義上的不足。

扎伊迪表示：彼得・聖吉的基模應藉助未來的視角重新解釋，所謂「逆」是相反的意思，並非意味反對和消極，只是要重新定位對基模的思考，使它能夠面向未來，變成「未來可能和應該」的樣子，逆原型反應的是長期的集體成功而不是原型的只顧及短期個別的效益。逆原型使得我們能夠設想和設計干預的措施，從而找出解決根本問題的方法。

例如基模一：事與願違，它的原型和系統關係如下。

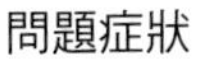

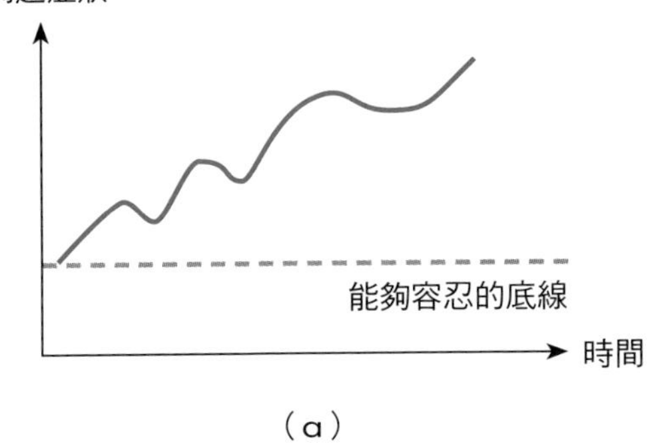

（a）

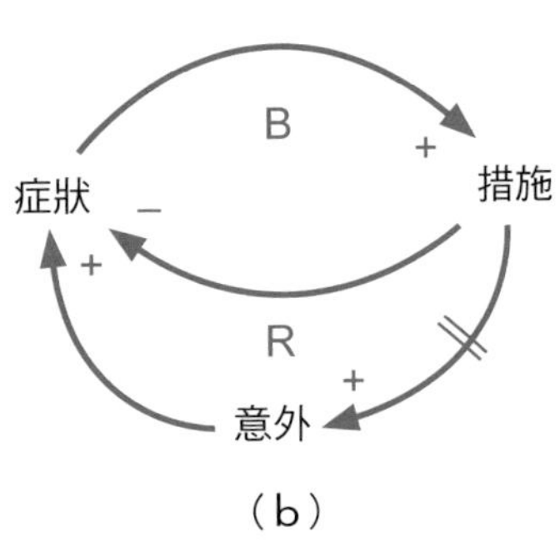

（b）

如前面的章節所述，根據經驗（後視鏡的結果），大多數情況下我們只會解決問題的表面症狀即頭痛醫頭，結果出現意外而喪失問題的根本解決。上圖 b 說明「事與願違」的反饋結構，它是一種惡性循環的陷阱；隨時間發展，不是消除了問題症狀，相反地最後各種可能的症狀都會數量增加（上圖 a）。我們不禁會問，就大尺度的時空而言，難道我們永遠不可能碰到「積極的意外」嗎？事實並非如此，在一定條件下積極的意外就會被創造出來。逆原型不需要對基模做任何結構的改變，只需要找到「積極轉變」的環節，這個過程可以用三角形符號 delta 表示。

逆原型與原型在結構上是相同的，差異發生在前者「措施」經過一定的 delay（平行線符號）後出現「意外」，後者不然，當「措施」之後應該積極地「**促使**」（用 delta 三角形符號表示）「積極的意外」的發生。「積極的意外」將會使問題症狀逐漸收斂並使得「事與願違」演化成「事如我願」，這就是面對未來問題時我們追求的情景。

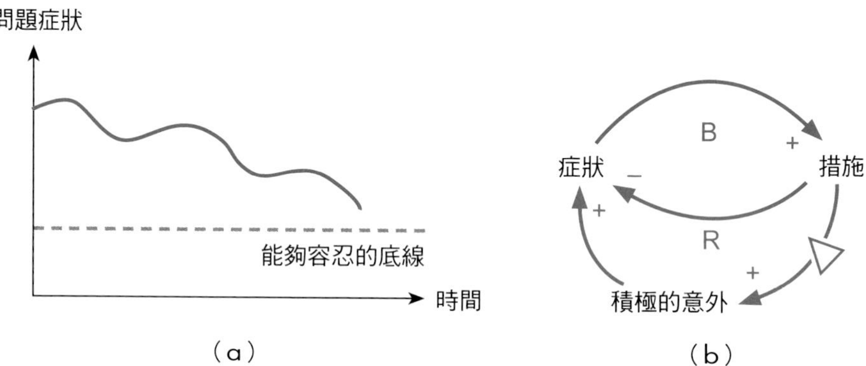

8-2 逆原型的運用於公共政策比較

全世界目前有兩種治理 COVID-19 傳播的方式：「清零」與「共存」，前者中國大陸亦稱「動態清零」或「社會面清零」，是指每當發現傳染病確診病例後，即進行醫學治療並同步進行流行病學調查、隔離密切接觸人員、控制病毒的影響範圍，以減少傳播和確診人數為目的的一種「四合一」防疫政策。

2019 年冠狀病毒疫情蔓延初期，最先實施清零的國家除中國外還有澳洲、紐西蘭和新加坡等地。清零政策在西語世界稱之為 Zero-COVID、COVID-Zero 或 FTTIS 五步驟（英語：Find, Test, Trace, Isolate and Support，即尋找、檢測、追蹤、隔離和支援）。COVID-19 發展第二年，觀察到一旦疫苗普及後病毒殺傷力出現第一波下降的現象，全世界共同感悟到疫情可能持久化，於是大部分地區於 2021 年陸續放棄「清零」而轉向與病毒共存的政策。WTO 世衛組織表示，截至 2022 年 5 月，香港、台灣和中國大陸是維持清零政策的最後三個主要經濟體，而台灣也在 2022 年下半年停止清零，香港亦未再堅持強制清零。

世衛組織總幹事譚德賽於 2022 年 5 月 10 日對中國政府喊話，表示清零策略是不可能持續的，引起中國政府不滿。在西方全面反中的大氣候影響下，目前各種清零政策的討論往往成了「政治正確」的延伸，許多學者認為此風不可長。我們有必要從流行病控管的角度、從一般管理學的角度還原爭論的癥結所在。

WTO 緊急事務部主任瑞安（Mike Ryan）曾經表示，自 2019 年底以來中國通報死亡病例僅 15,000 件，比起美國的近 100 萬人、巴西的 66 萬多人和印度的 52 萬多人，這個數字相對較低。另一方面在與病毒共存政策下，新冠肺炎死亡已成為美國第 3 大死因，是美國兩場世界大戰中死亡總數的 2 倍。醫學研究報告指出，如果中國放棄嚴格的清零政策，預估在 6 個月內將導致近 160 萬人死亡，其中 3/4 將是 60 歲以上未接種疫苗的老人。

以上論點可視為清零政策保障「生存權」的優點所在，但另有一面，中國是全世界供應鏈中最關鍵的一環，因清零的封城行動，上海碼頭一個卡車司機缺位的「蝴蝶效應」將引起美國紐約港口完全癱瘓的大風暴，甚至全球供應的大振盪。鑒於病毒變異防不勝防，清零政策的邊際效用逐漸下降，清零的經濟代價越來越大，這不僅不利於中國自身的經濟發展和社會穩定，也將使千瘡百孔的世界經濟雪上加霜，這應該是共存政策的重要出發點。

其實評估公共政策的優劣有許多專業方法，本節的任務是利用彼得·聖吉《第五項修練》的「系統思考」基模，評論兩種不同管理模式的演化路徑。系統思考比較有能力切中要害，並具備不偏不倚的評估程序。

8-2-1 清零政策並非「捨本逐末」

有人說清零政策是捨本逐末，其實並非如此。我們可以做一個「思想實驗」，如果在清零政策的空間嵌入「捨本逐末」的基本模式看看會怎樣。首先需要重新定義以下三個變量的含義，什麼叫 COVID-19 控制政策的「根本解」、「症狀解」和「問題症狀」？其實答案是多重的，因為大家對 COVID-19 本癥結構的認定難以統一，有的認為疫情的「超額死亡」數量是最主要的控制症狀，有的認為「確診病例數」是主要的控制症狀，甚至有的認為「醫院負荷」應該是主要的控制症狀。至於什麼是「根本解」同樣莫衷一是，只是因為曠日持久，COVID-19 把世界經濟拖垮，才有人認為把經濟因素同時納入的與病毒共存的政策才是「根本解」，然而這將與確診病例數的問題症狀悖論，在共存策略中確診病例數並不是一個硬指標。或許共存策略皆大歡喜，商家可以賺錢，居民可以四處旅行，但是犧牲了許多貧民和年長者的生存權。

其實在管理上，每一種方法都存在使用成功的極限，下圖便是前面介紹過的「**成功的極限**」基模結構。

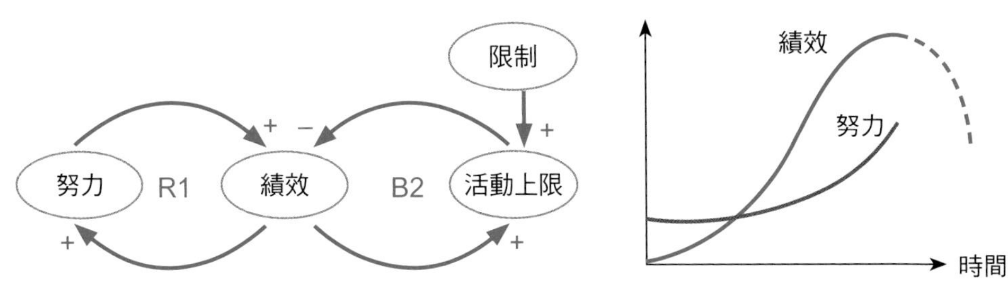

圖的左側是反饋環結構，圖的右側是各項變量的變化軌跡。成功的極限共有兩個互相制約的增強環 R1 和調節環 B2 共治，並有三個變量：努力、績效和活動上限。由變量「努力」出發按箭頭連接到「績效」，連接為正號，說明二者是增強關係；由「績效」再出發連接到「努力」仍是正號，說明二者也是增強關係，合在一起構成 R1 的增強反饋，即越努力越有績效，越有績效越努力。調節環 B2 的運作原理相同，若以「活動上限」作為起點，按箭頭連接到「績效」，二者連接為負號，這表示它們是調節的關係；從「績效」再出發連接到「活動上限」是正號，二者為增強反饋；以上兩步合在一起共有奇數個負號，所以 B2 環是調節型的。請注意在「活動上限」的上方還有一個不直接參加反饋的外部變量「限制」，表示任何活動所受到的大環境限制，限制越多，活動的上限越有限。

圖的右側說明績效與努力的演化軌跡，儘管不斷努力，但績效由高峰而下墜。不管是清零或共存都受到這種成功的極限，因此我們只可以說兩種策略「各有優勢可以互補」。

難道我們就這樣根據彼得．聖吉「成功的極限」基模，模稜兩可地對「清零」和「共存」兩大策略草草結論嗎？

8-2-2 利亞．扎伊迪的「成功的極限」的逆基模

下方為逆「成功的極限」基模的基本結構。

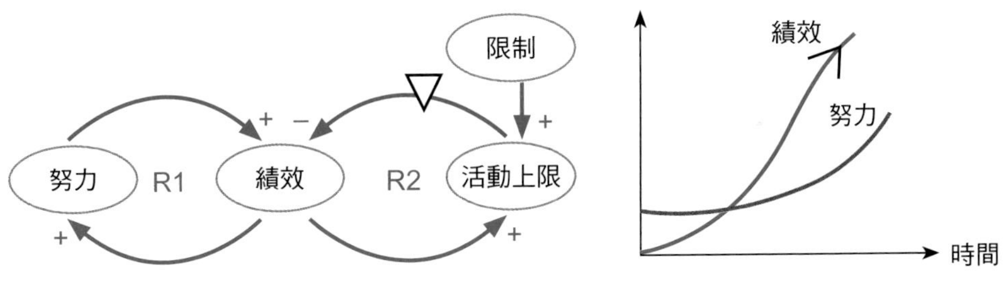

資料來源：Leah Zaidi, Anti-Archetypes: Patterns of Hope, World Futures Review.

請將此逆基模與成功的基模原圖比較，我們可以看到區別，原模是兩個相反的增強環 R1 和調節環 B2 共生，而逆模是原來的調節環 B2 變化成增強環 R2，逆模是兩個增強環 R1 和 R2 共在。扎伊迪說我們把未來寄託在「績效」如何擺脫「活動上限」的限制，她在「活動上限」到「績效」的路徑上加上一個三角形，表示促進的活動，或突破限制的活動，這樣對於未來的希望而言在基本上成功沒有限制，也不會出現績效的邊際效益下降的現象，於是某項策

略，只要你不斷努力，其相應的績效也不斷高漲。

站在和平的未來主義立場，我們希望所有各地的疫情管控模式，無論是清零的或共生的，都能按照「成功的極限」的逆基模，塑造各地未來的新希望。

國家圖書館出版品預行編目資料

超圖解系統思考 / 陶在樸著. ——初版.
——臺北市：五南圖書出版股份有限公司,
2022.08
面； 公分
ISBN 978-626-317-943-1 (平裝)
1.CST: 管理科學 2.CST: 系統分析
494 111009133

1F2C

超圖解系統思考

作 者—陶在樸
責任編輯—唐 筠
文字校對—許馨尹 黃志誠 林芸郁
內文排版—張淑貞
封面設計—王麗娟
發 行 人—楊榮川
總 經 理—楊士清
總 編 輯—楊秀麗
副總編輯—張毓芬
出 版 者—五南圖書出版股份有限公司
地 址：106臺北市大安區和平東路二段339號4
電 話：(02)2705-5066 傳 真：(02)2706-61
網 址：https://www.wunan.com.tw
電子郵件：wunan@wunan.com.tw
劃撥帳號：01068953
戶 名：五南圖書出版股份有限公司
法律顧問 林勝安律師事務所 林勝安律師
出版日期 2022年8月初版一刷
定 價 新臺幣380元

經典永恆·名著常在

五十週年的獻禮——經典名著文庫

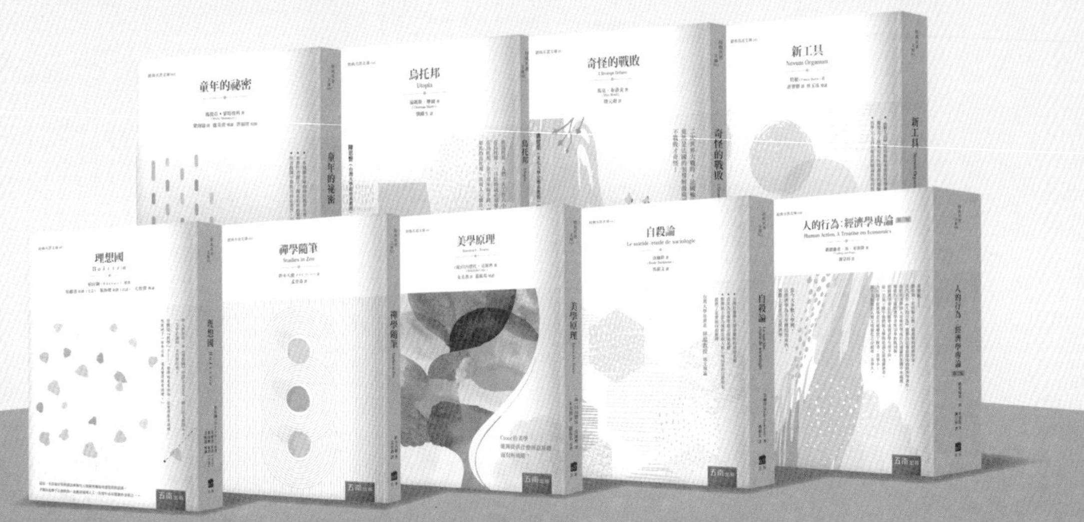

五南，五十年了，半個世紀，人生旅程的一大半，走過來了。
思索著，邁向百年的未來歷程，能為知識界、文化學術界作些什麼？
在速食文化的生態下，有什麼值得讓人雋永品味的？

歷代經典‧當今名著，經過時間的洗禮，千錘百鍊，流傳至今，光芒耀人；
不僅使我們能領悟前人的智慧，同時也增深加廣我們思考的深度與視野。
我們決心投入巨資，有計畫的系統梳選，成立「經典名著文庫」，
希望收入古今中外思想性的、充滿睿智與獨見的經典、名著。
這是一項理想性的、永續性的巨大出版工程。
不在意讀者的眾寡，只考慮它的學術價值，力求完整展現先哲思想的軌跡；
為知識界開啟一片智慧之窗，營造一座百花綻放的世界文明公園，
任君遨遊、取菁吸蜜、嘉惠學子！